EUROPA-FACHBUCHREIHE
für Elektrotechnik

Formeln Elektrotechnik

22., überarbeitete Auflage

Bearbeitet von Ingenieuren und Lehrern
an beruflichen Schulen (siehe Rückseite)

Lektorat: Klaus Tkotz

VERLAG EUROPA-LEHRMITTEL • Nourney, Vollmer GmbH & Co. KG
Düsselberger Straße 23 • 42781 Haan-Gruiten

Europa-Nr.: 30105

Autoren: Klee, Werner — Mehlingen
Tkotz, Klaus — Kronach
Winter, Ulrich — Kaiserslautern

Leitung des Arbeitskreises und Lektorat: Klaus Tkotz

Bildbearbeitung: Grafische Produktionen Jürgen Neumann, 97222 Rimpar

Betreuung der Bildbearbeitung: Zeichenbüro des Verlags Europa-Lehrmittel, Ostfildern

22. Auflage 2025

Druck 5 4 3 2 1

Alle Drucke derselben Auflage sind parallel einsetzbar, da sie bis auf die Korrektur von Druckfehlern identisch sind.

ISBN 978-3-8085-3201-0

Bei Fragen zur Produktsicherheit wenden Sie sich bitte an produktsicherheit@europa-lehrmittel.de

Umschlag: braunwerbeagentur, 42477 Radevormwald

Umschlagbilder: Taschenrechner: Casio Europe GmbH; Widerstände: Klaus Tkotz, Strommasten: Erwin Wodicka-stock.adobe.com)

Satz: Grafische Produktionen Jürgen Neumann, 97222 Rimpar

Druck: Himmer GmbH, 86167 Augsburg

Wegweiser Formeln für Elektrotechniker

Inhaltsverzeichnis Kurzform

Nützliches

Praxistipps:

Inhaltsverzeichnis

*siehe vordere bzw. hintere Umschlag-Innenseite

1 Mathematische Grundlagen

1.1 Summieren, Multiplizieren

Kommutativgesetz | **Assoziativgesetz**

$a + b + c$	$a \cdot b \cdot c$	$a + b + c + d$	$a - b + c - d$	$a \cdot b \cdot c \cdot d$
$= a + c + b$	$= a \cdot c \cdot b$	$= a + (b + c + d)$	$= a - (b - c + d)$	$= a \cdot (b \cdot c \cdot d)$
$= b + c + a$	$= b \cdot c \cdot a$	$= (a + c) + (b + d)$	$= (a + c) - (b + d)$	$= (a \cdot c) \cdot (b \cdot d)$

Regeln für das Rechnen mit Vorzeichen

$(+a) + (+b) = a + b$	$(+a) - (-b) = a + b$	$(+a) - (+b) = a - b$	$(+a) + (-b) = a - b$

$(+a) \cdot (+b) = +a \cdot b = ab$ $\qquad$ $(+a) \cdot (-b) = -a \cdot b = -ab$

$(-a) \cdot (-b) = +a \cdot b = ab$ $\qquad$ $(-a) \cdot (+b) = -a \cdot b = -ab$

Distributivgesetz

$\mathbf{a} \cdot (c + d) = \mathbf{a}c + \mathbf{a}d$	$\mathbf{a} \cdot (c - d) = \mathbf{a}c - \mathbf{a}d$	$a - \mathbf{b}c - \mathbf{b}d + \mathbf{b}e = a - \mathbf{b} \cdot (c + d - e)$

$(a + b) \cdot (c + d) = ac + ad + bc + bd$ $\qquad$ $(a + b)^2 = a^2 + 2ab + b^2$

$(a - b) \cdot (c - d) = ac - ad - bc + bd$ $\qquad$ $(a - b)^2 = a^2 - 2ab + b^2$

$(a + b) \cdot (c - d) = ac - ad + bc - bd$ $\qquad$ $(a + b) \cdot (a - b) = a^2 - b^2$

1.2 Rechnen mit Brüchen

Vorzeichenregeln

$\frac{+a}{+b} = +\frac{a}{b} = \frac{a}{b}$ $\qquad$ $\frac{-a}{-b} = +\frac{a}{b} = \frac{a}{b}$ $\qquad$ $\frac{-a}{+b} = -\frac{a}{b}$ $\qquad$ $\frac{+a}{-b} = -\frac{a}{b}$

Rechenregeln

Kürzen mit k:

$\frac{a\mathbf{k}}{b\mathbf{k}} = \frac{a \cdot \mathbf{k}}{b \cdot \mathbf{k}} = \frac{a}{b}$

Erweitern mit n:

$\frac{a}{b} = \frac{a \cdot \mathbf{n}}{b \cdot \mathbf{n}} = \frac{a\mathbf{n}}{b\mathbf{n}}$

Summieren:

$\frac{a}{\mathbf{d}} + \frac{b}{\mathbf{d}} = \frac{a + b}{\mathbf{d}}$ $\qquad$ $\frac{\mathbf{a}}{\mathbf{c}} + \frac{b}{\mathbf{d}} = \frac{\mathbf{ad + bc}}{\mathbf{cd}}$

$\frac{a}{\mathbf{d}} - \frac{b}{\mathbf{d}} = \frac{a - b}{\mathbf{d}}$ $\qquad$ $\frac{\mathbf{a}}{\mathbf{c}} - \frac{b}{\mathbf{d}} = \frac{\mathbf{ad - bc}}{\mathbf{cd}}$

Multiplizieren:

$\frac{a}{b} \cdot \mathbf{c} = \frac{a \cdot \mathbf{c}}{b} = \frac{ac}{b}$ $\qquad$ $\frac{a}{b} \cdot \frac{\mathbf{c}}{\mathbf{d}} = \frac{a \cdot \mathbf{c}}{b \cdot \mathbf{d}} = \frac{ac}{bd}$

Dividieren:

$\frac{a}{b} : \mathbf{c} = \frac{a}{b \cdot \mathbf{c}} = \frac{a}{bc}$ $\qquad$ $\frac{a}{b} : \frac{\mathbf{c}}{\mathbf{d}} = \frac{a \cdot \mathbf{d}}{b \cdot \mathbf{c}} = \frac{ad}{bc}$

Wichtige Anwendungen:

$\frac{ak + bk}{ck} = \frac{k\,(a + b)}{ck} = \frac{a + b}{c}$; $\qquad$ $\frac{a}{b + c} + \frac{d}{e} = \frac{ae + (b + c) \cdot d}{(b + c) \cdot e}$; $\qquad$ $\frac{1}{a} = \frac{1}{b} + \frac{1}{c} = \frac{b + c}{b \cdot c} \Rightarrow a = \frac{b \cdot c}{b + c}$

1.3 Potenzen, Wurzeln, Logarithmen

Potenzen

a Grundzahl (Basis)
n Hochzahl (Exponent)
c Potenzwert

$$a^n = c$$

$$c = \underbrace{a \cdot a \cdot a \cdot \ldots \cdot a}_{n \text{ Faktoren}} \Rightarrow a^n$$

Beispiel:
$5^2 = 5 \cdot 5 = 25$

$a^m \cdot a^n = a^{m+n}$ $\quad \frac{a^m}{a^n} = a^{m-n}$ $\quad a^0 = 1$ $\quad \frac{1}{a^n} = a^{-n}$ $\quad a^1 = a$ $\quad a^{-1} = \frac{1}{a}$ $\quad 3^1 = 3$ $\quad 10^0 = 1$

$a^m \cdot b^m = (a \cdot b)^m$ $\quad \frac{a^m}{b^m} = \left(\frac{a}{b}\right)^m$ $\quad \frac{a^m}{b^m} = a^m \cdot b^{-m}$ $\quad (a^m)^n = a^{m \cdot n}$

Zahl	0,001	0,01	0,1	1	10	100	1 000	10 000	100 000	1 000 000
Zehnerpotenz	10^{-3}	10^{-2}	10^{-1}	10^0	10^1	10^2	10^3	10^4	10^5	10^6

Wurzeln

a Wurzelwert
n Wurzelexponent
c Radikand

$$\sqrt[n]{c} = a$$

$$c = \underbrace{a \cdot a \cdot a \cdot \ldots \cdot a}_{n \text{ Faktoren}} \Rightarrow \sqrt[n]{c} = a$$

Beispiel:
$\sqrt[2]{16} = \sqrt[2]{4 \cdot 4} = 4$

$\sqrt[n]{c \cdot d} = \sqrt[n]{c} \cdot \sqrt[n]{d}$ $\quad \sqrt[n]{c} = c^{\frac{1}{n}}$ $\quad \sqrt[n]{\frac{c}{d}} = \frac{\sqrt[n]{c}}{\sqrt[n]{d}} = \left(\frac{c}{d}\right)^{\frac{1}{n}}$ $\quad \sqrt[n]{c^m} = c^{\frac{m}{n}}$ $\quad a^2 = c \Rightarrow a = \pm\sqrt{c}$

Logarithmen

n Logarithmus
a Basis
c Numerus

$c = a^n \Rightarrow$

$$\log_a c = n$$

Eingabemodus:
Taste LOG

- Zehnerlogarithmus (dekadischer Logarithmus): $\log_{10} c = \lg c$
  Beispiel: lg 2 = 0,301...
- Natürlicher Logarithmus (*e* = 2,718...): $\log_e c = \ln c$
  Beispiel: ln 2 = 0,694...
- Zweierlogarithmus (binärer Logarithmus): $\log_2 c = \text{lb } c$
  Beispiel: lb 2 = 1

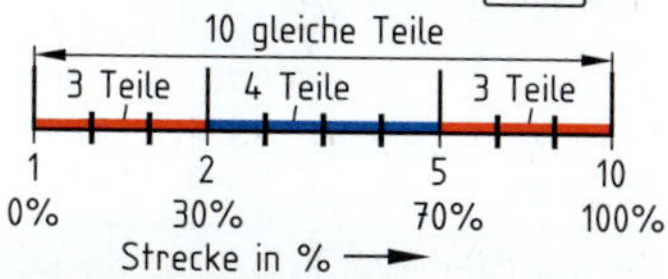

Logarithmische Teilung für die Werte 1, 2, 5 und 10

$\log_a c + \log_a d = \log_a (c \cdot d)$ $\quad \log_a c - \log_a d = \log_a \left(\frac{c}{d}\right)$ $\quad -\log_a d = \log_a \left(\frac{1}{d}\right)$

$k \cdot \log_a c = \log_a (c^k)$ $\quad \frac{1}{n} \cdot \log_a c = \log_a \left(\sqrt[n]{c}\right)$ $\quad \log_b c = \frac{\log_a c}{\log_a b} = \log_a c \cdot \log_b a$

Zahl	0,001	0,01	0,1	1	10	100	1 000	10 000	100 000	1 000 000
Logarithmus (lg)	–3	–2	–1	0	1	2	3	4	5	6

1.4 Winkel, Winkeleinheiten, Umrechnung Bogenmaß ⇆ Gradmaß

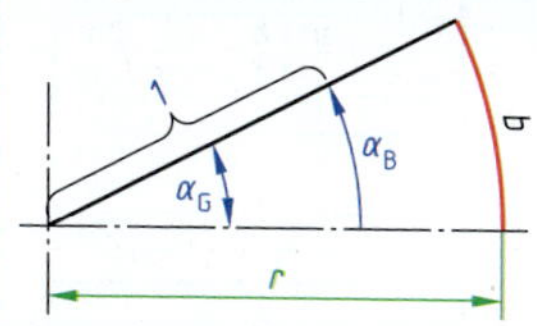

α_B Winkel im Bogenmaß, Einheit Radiant (rad)
α_G Winkel im Gradmaß, Einheit Grad (°)
b Bogenlänge
r Radius

$\alpha_B = \frac{b}{r}$ $\quad \text{rad} = \frac{\text{m}}{\text{m}} = 1$

$$\alpha_B = \frac{\alpha_G}{180°} \cdot \pi$$

$$\alpha_G = \frac{\alpha_B}{\pi} \cdot 180°$$

Winkel α_G im Gradmaß	0°	30°	45°	60°	90°	180°	270°	360°
Winkel α_B im Bogenmaß	0	$\frac{\pi}{6} = 0{,}52$	$\frac{\pi}{4} = 0{,}79$	$\frac{\pi}{3} = 1{,}05$	$\frac{\pi}{2} = 1{,}57$	$\pi = 3{,}14$	$\frac{3}{2} \cdot \pi = 4{,}71$	$2 \cdot \pi = 6{,}28$

1.5 Rechnen am Dreieck

Rechtwinkeliges Dreieck

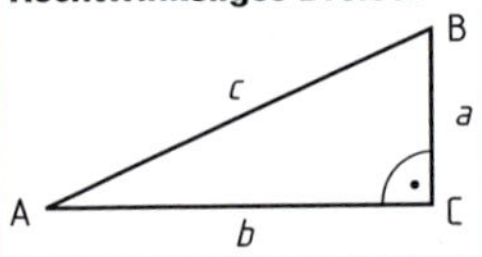

- c Hypotenuse
- a Kathete
- b Kathete

$$c^2 = a^2 + b^2$$

$$c = \sqrt{a^2 + b^2}$$

$$a = \sqrt{c^2 - b^2}$$

$$b = \sqrt{c^2 - a^2}$$

Winkelfunktionen (Trigonometrische Funktionen)

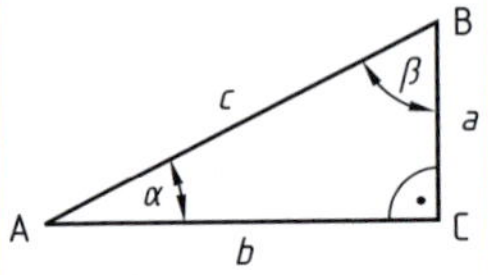

- c Hypotenuse
- a Gegenkathete von α, Ankathete von β
- b Gegenkathete von β, Ankathete von α

$$\sin\alpha = \frac{a}{c} \qquad \cos\beta = \frac{a}{c} \qquad \cos\alpha = \frac{b}{c}$$

$$\sin\beta = \frac{b}{c} \qquad \tan\alpha = \frac{a}{b} \qquad \cot\beta = \frac{a}{b}$$

$$\cot\alpha = \frac{b}{a} \qquad \tan\beta = \frac{b}{a}$$

Sinussatz, Kosinussatz

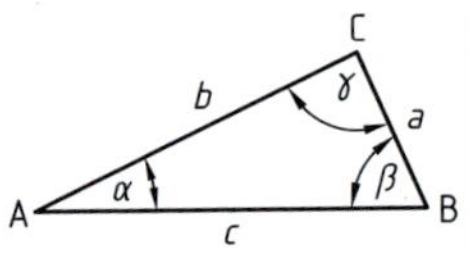

$\alpha + \beta + \gamma = 180°$

Sinussatz:

$$\frac{a}{b} = \frac{\sin\alpha}{\sin\beta}$$

$$\frac{b}{c} = \frac{\sin\beta}{\sin\gamma}$$

$$\frac{c}{a} = \frac{\sin\gamma}{\sin\alpha}$$

Kosinussatz:

$$a^2 = b^2 + c^2 - 2bc \cdot \cos\alpha$$

$$b^2 = a^2 + c^2 - 2ac \cdot \cos\beta$$

$$c^2 = a^2 + b^2 - 2ab \cdot \cos\gamma$$

Wichtige Winkelfunktionswerte

Funktion	Winkel α									
	0°	15°	30°	45°	60°	75°	90°	180°	270°	360°
Sinus α	0	0,259	0,500	0,707	0,866	0,966	1	0	– 1	0
Cosinus α	1	0,966	0,866	0,707	0,500	0,259	0	– 1	0	1
Tangens α	0	0,268	0,577	1	1,732	3,732	∞	0	∞	0

1.6 Zahlensysteme, BCD-Code, Rechenregeln

Vergleich von Zahlensystemen:

Dezimalzahl	Dualzahl	Sedezimalzahl***
0	0	0
$1 = 2^0$	1	1
$2 = 2^1$	10	2
3	11	3
$4 = 2^2$	100	4
5	101	5
6	110	6
7	111	7
$8 = 2^3$	1000	8
9	1001	9
10	1010	A
11	1011	B
12	1100	C
13	1101	D
14	1110	E
15	1111	F
$16 = 2^4$	10000	10

* Pseudotetrade, bewirkt Rückstellung und Übertrag auf die nächste Dekade.
** Korrektursummand beim Übertrag.
*** auch Hexadezimalzahl genannt.

BCD-(8-4-2-1-) Code:

Dezimalzahl	8-4-2-1-Code	
0	0000	0000
1	0000	0001
2	0000	0010
3	0000	0011
4	0000	0100
5	0000	0101
6	0000	0110
7	0000	0111
8	0000	1000
9	0000	1001
*	0000	1010
**		+0110
10	0001	0000
11	0001	0001
12	0001	0010
13	0001	0011
14	0001	0100
15	0001	0101
16	0001	0110
17	0001	0111
18	0001	1000
19	0001	1001
*	0001	1010
**		+0110
20	0010	0000

Rechnen mit Dualzahlen:

Addition	Subtraktion
00 + 0 = 00	00 − 0 = 00
01 + 0 = 01	01 − 0 = 01
00 + 1 = 01	00 − 1 = − 01
01 + 1 = 10	01 − 1 = 00
011 + 10 = 101	011 − 10 = 001
011 + 11 = 110	011 − 100 = − 001

1 · 1 = 1
0 · 0 = 0
1 · 0 = 0
0 · 1 = 0
0 : 1 = 0
1 : 1 = 1

2 Längen- und Flächenberechnungen*

2.1 Drahtlängen von Rundspulen und von Rechteckspulen

Rundspulen

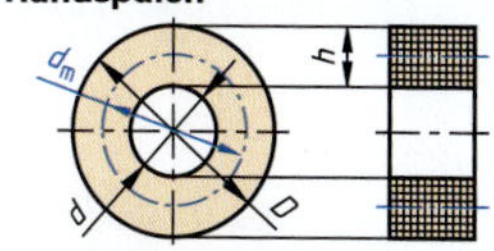

l	Drahtlänge
D, d	Durchmesser
d_m	mittlerer Durchmesser
h	Höhe (Wickelhöhe)
N	Windungszahl

$$h = \frac{D-d}{2}$$
$$d_m = d + h$$
$$d_m = D - h$$

$$l = \pi \cdot d_m \cdot N$$
$$d_m = \frac{D+d}{2}$$

Rechteckspulen

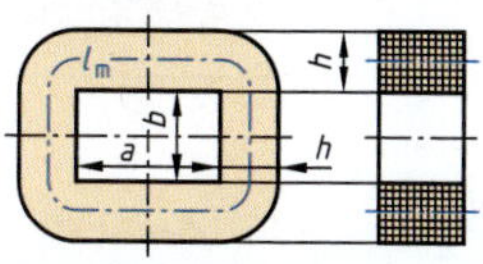

l	Drahtlänge
l_m	mittlere Windungslänge
a	Länge
b	Breite
h	Wickelhöhe
N	Windungszahl

$$l = (2a + 2b + \pi \cdot h) \cdot N$$

$$l = l_m \cdot N$$

2.2 Flächen

Quadrat

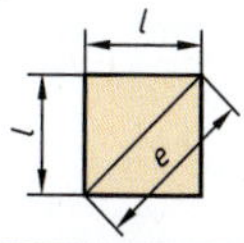

A	Fläche
l	Seitenlänge
u	Umfang
e	Diagonale, Eckenmaß

$$l = \sqrt{A}$$
$$e = \sqrt{2} \cdot l$$

$$A = l^2$$
$$u = 4 \cdot l$$

Rechteck

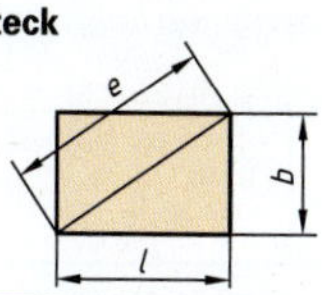

A	Fläche
l	Länge
b	Breite
u	Umfang
e	Diagonale, Eckenmaß

$$e = \sqrt{l^2 + b^2}$$

$$A = l \cdot b$$
$$u = 2\,(l + b)$$

Raute

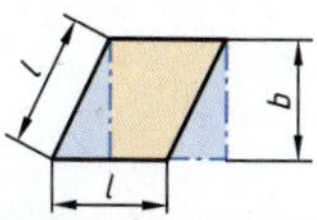

A	Fläche
l	Länge
b	Breite
u	Umfang

$$A = l \cdot b$$
$$u = 4 \cdot l$$

Parallelogramm

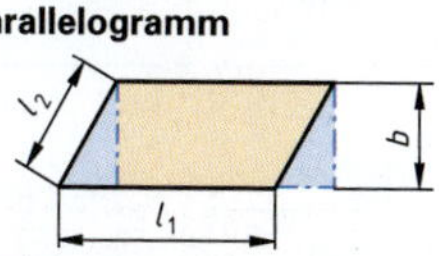

A	Fläche
l_1, l_2	Längen der Seiten
b	Breite
u	Umfang

$$A = l_1 \cdot b$$
$$u = 2\,(l_1 + l_2)$$

Dreieck

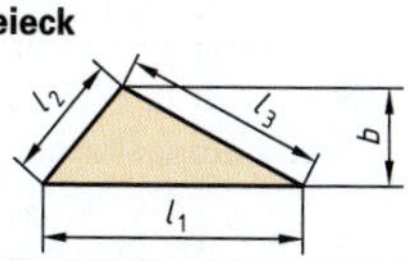

A	Fläche
l_1, l_2, l_3	Längen der Seiten
b	Breite
u	Umfang

$$A = \frac{l_1 \cdot b}{2}$$
$$u = l_1 + l_2 + l_3$$

Trapez

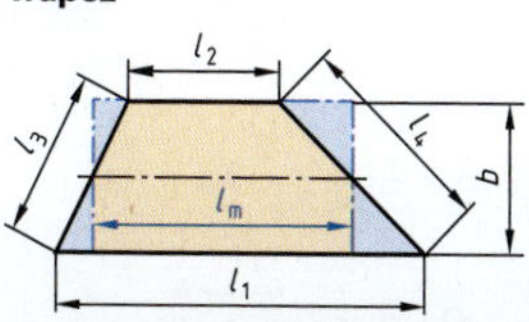

A	Fläche
b	Breite
l_1	große Länge
l_2	kleine Länge
l_m	mittlere Länge
l_3, l_4	Länge der Schrägseiten
u	Umfang

$$A = l_m \cdot b$$
$$l_m = \frac{l_1 + l_2}{2}$$

$$A = \frac{l_1 + l_2}{2} \cdot b$$
$$u = l_1 + l_2 + l_3 + l_4$$
$$u = 2 \cdot l_m + l_3 + l_4$$

* In manchen Ländern wird die Längeneinheit Inch (Zoll) verwendet, 1 Inch = 1 in = 1" = 1 Zoll = 25,4 mm.

Regelmäßiges Vieleck

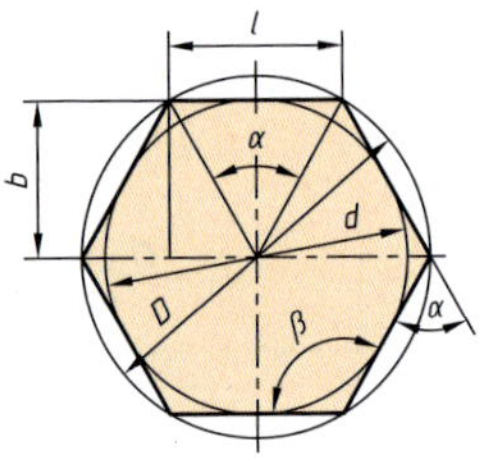

A	Fläche
l	Seitenlänge
b	Breite eines Teildreiecks
n	Eckenzahl
u	Umfang
D	Umkreisdurchmesser
d	Inkreisdurchmesser
α	Mittelpunktswinkel
β	Eckenwinkel

$$b = \frac{1}{2} \cdot d$$

$$\beta = 180° - \alpha$$

$$A = \frac{l \cdot b}{2} \cdot n$$

$$u = l \cdot n$$

$$l = D \cdot \sin \frac{\alpha}{2}$$

$$\alpha = \frac{360°}{n}$$

Kreis

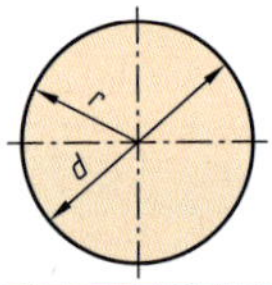

A	Kreisfläche
d	Durchmesser
r	Radius, Halbmesser
u	Umfang
π	Kreiszahl (π = 3,1415…)

$$A = \frac{d^2 \cdot \pi}{4}; \quad A = \pi \cdot r^2$$

$$u = \pi \cdot d; \quad u = 2 \cdot \pi \cdot r$$

Kreisring

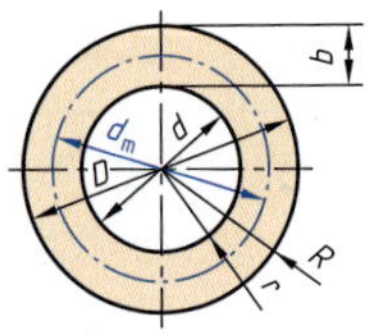

A	Kreisringfläche
D	Außendurchmesser
d	Innendurchmesser
d_m	mittlerer Durchmesser
R, r	Radien
b	Breite (Dicke)
u_m	mittlerer Kreisumfang (gestreckte Länge)

$$b = \frac{D - d}{2}$$

$$d_m = \frac{D + d}{2}$$

$$A = \frac{\pi}{4} (D^2 - d^2)$$

$$u_m = \pi \cdot d_m$$

Kreisausschnitt (Kreissektor)

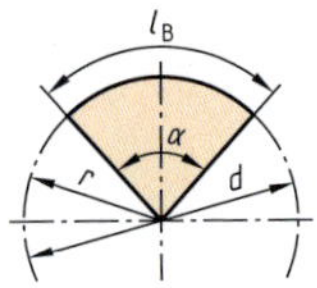

A	Fläche des Kreisausschnitts
d	Durchmesser
r	Radius
l_B	Bogenlänge
α	Innenwinkel

$$A = \frac{\pi \cdot d^2 \cdot \alpha}{4 \cdot 360°}; \quad A = \frac{r \cdot l_B}{2}$$

$$l_B = \pi \cdot r \cdot \frac{\alpha}{360°}; \quad l_B = \frac{\pi \cdot d \cdot \alpha}{360°}$$

Kreisabschnitt

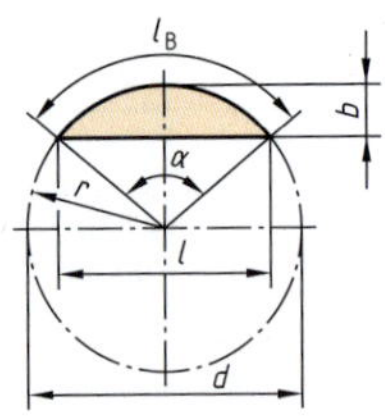

A	Fläche
r	Radius
d	Durchmesser
l_B	Bogenlänge
l	Sehnenlänge
b	Breite
α	Innenwinkel

$$l_B = \frac{\pi \cdot r \cdot \alpha}{180°}$$

$$A = \frac{l_B \cdot r - l\,(r - b)}{2}$$

$$A = \frac{\pi \cdot d^2}{4} \cdot \frac{\alpha}{360} - \frac{l\,(r - b)}{2}$$

Näherungsformel:

$$A \approx \frac{2}{3} \cdot l \cdot b$$

Ellipse

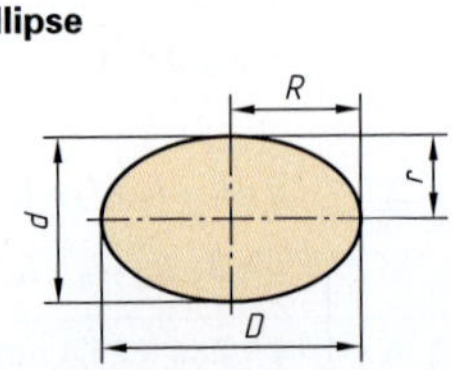

A	Fläche
d	kleine Achse
D	große Achse
r	kleine Halbachse
R	große Halbachse
u	Umfang

$$A = \frac{\pi \cdot D \cdot d}{4}; \quad A = \pi \cdot R \cdot r$$

$$u \approx \pi \cdot \frac{D + d}{2}; \quad u \approx \pi \cdot (R + r)$$

3 Körper-, Volumen- und Masseberechnungen

3.1 Volumen und Oberflächen

Würfel

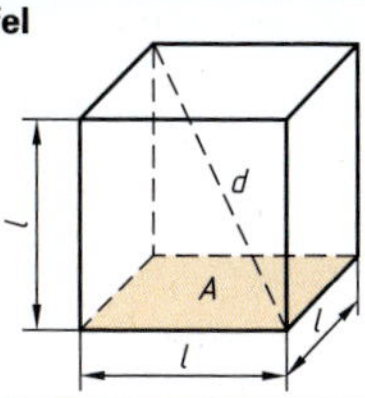

V	Volumen
A	Grundfläche
l	Kantenlänge
A_0	Oberfläche
d	Raumdiagonale

$A = l^2$

$V = A \cdot l; \quad V = l^3$

$A_0 = 6 \cdot l^2$

$d = l \cdot \sqrt{3}$

Prisma

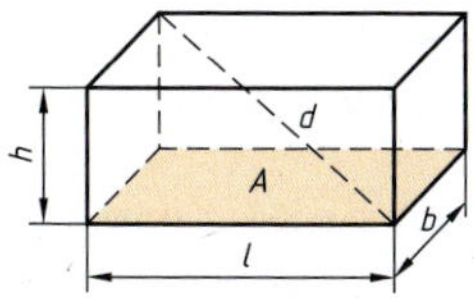

V	Volumen
A	Grundfläche
h	Höhe
l	Länge
b	Breite
A_0	Oberfläche
d	Raumdiagonale

$A = l \cdot b$

$V = A \cdot h$

$V = l \cdot b \cdot h$

$A_0 = 2 \cdot (l \cdot b + l \cdot \mathrm{h} + b \cdot \mathrm{h})$

$d = \sqrt{l^2 + h^2 + b^2}$

Zylinder

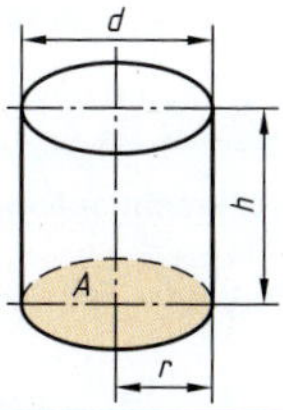

V	Volumen
A	Grundfläche
h	Höhe
d	Durchmesser
r	Radius
A_0	Oberfläche

$A = \pi \cdot r^2$

$A = \frac{\pi \cdot d^2}{4}$

$\pi = 3{,}1415 \ldots$

$\frac{\pi}{4} = 0{,}785 \ldots$

$V = A \cdot h$

$V = \frac{\pi \cdot d^2}{4} \cdot h$

$A_0 = \pi \cdot d \cdot h + \frac{d^2 \cdot \pi}{2}$

Kegel

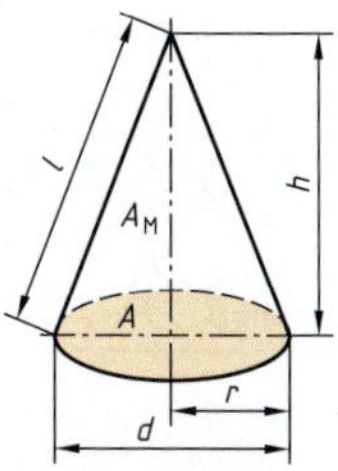

V	Volumen
A	Grundfläche
A_M	Mantelfläche
A_0	Oberfläche
h	Höhe
d	Durchmesser
r	Radius
l	Länge der Mantellinie

$A = \frac{\pi \cdot d^2}{4}$

$l = \sqrt{h^2 + \mathrm{r}^2}$

$A_0 = A_M + A$

$V = \frac{A \cdot h}{3}$

$V = \frac{\pi}{12} \cdot d^2 \cdot h$

$A_M = \pi \cdot r \cdot l$

$A_0 = \pi \cdot r\,(l + r)$

Kugel

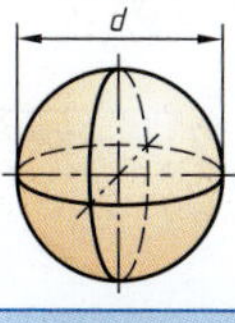

V	Volumen
d	Durchmesser
A_0	Oberfläche

$V = \frac{\pi \cdot d^3}{6}$

$A_0 = \pi \cdot d^2$

3.2 Masse und Gewichtskraft

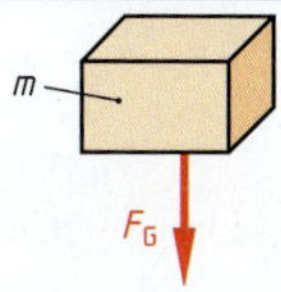

V	Volumen
m	Masse
ϱ	Dichte
F_G	Gewichtskraft
g	Fallbeschleunigung (9,81 m/s²)

$[\varrho] = \frac{\mathrm{kg}}{\mathrm{dm}^3}$; $[m] = \mathrm{kg}$

$1\,\frac{\mathrm{t}}{\mathrm{m}^3} = 1\,\frac{\mathrm{kg}}{\mathrm{dm}^3} = 1\,\frac{\mathrm{g}}{\mathrm{cm}^3}$

$[F_G] = \frac{\mathrm{kg} \cdot \mathrm{m}}{\mathrm{s}^2} = \mathrm{N}$

$m = \varrho \cdot V$

$F_G = m \cdot g$

$F_G = \varrho \cdot V \cdot g$

4 Mechanik

4.1 Kräfte

Einheit, Darstellung

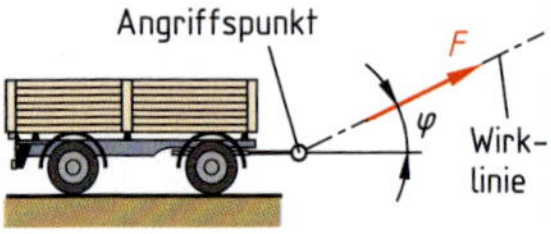

Formelzeichen: F Einheit: $[F] = \text{N}$ Einheitenname: Newton

- Kräfte sind gerichtete Größen, die man als Pfeil darstellt.
- Der Betrag der Kraft ≙ der Pfeillänge.
- Die Richtung der Kraft ≙ der Pfeilrichtung.
- Man addiert Kräfte, indem man die Pfeile aneinanderfügt.
- Kräftemaßstab: z.B. 200 N ≙ 10 mm

Zusammensetzen von zwei Kräften

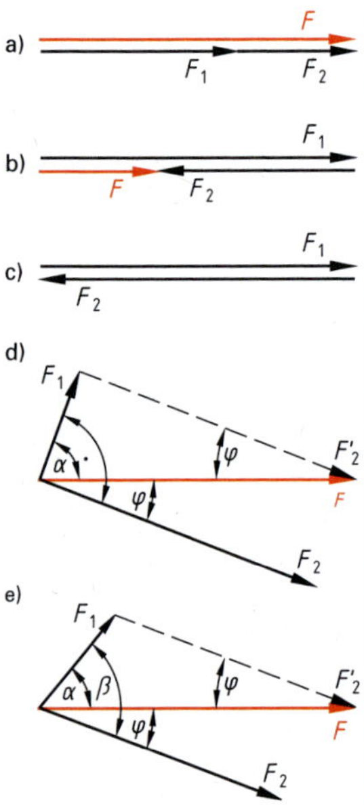

F_1, F_2,...	Teilkräfte, Komponenten
F	Gesamtkraft, resultierende Kraft, Ersatzkraft
φ	Winkel zwischen Teilkraft und Ersatzkraft
α	Winkel zwischen den Teilkräften
β	Winkel im Krafteck $\beta = 180° - \alpha$

In den Formeln sind für F_1, F_2 und F Beträge einzusetzen.

Der Betrag einer Zahl ist ihr reiner Zahlenwert ohne Berücksichtigung des Vorzeichens. Z. B. der Betrag von $x = -5{,}3$ ist $|x| = 5{,}3$.

$|x|$ bedeutet: Betrag von x. Der Betrag ist immer positiv.

a) Teilkräfte gleichgerichtet:

$$F = F_1 + F_2$$

b) Teilkräfte entgegengerichtet:

$$F = F_1 - F_2$$

c) Gleichgewichtsbedingung:

$$F_1 - F_2 = 0$$

d) Teilkräfte senkrecht aufeinander:

$$F = \sqrt{F_1^2 + F_2^2}$$

$$\frac{F_1}{F_2} = \tan\varphi; \quad F = \frac{F_1}{\sin\varphi}; \quad F = \frac{F_2}{\cos\varphi}$$

e) Teilkräfte nicht senkrecht aufeinander:

$$F = \sqrt{F_1^2 + F_2^2 - 2 \cdot F_1 \cdot F_2 \cdot \cos\beta}$$

$$\frac{\sin\varphi}{\sin\beta} = \frac{F_1}{F}$$

Zerlegen einer Kraft in zwei Teilkräfte (Komponenten)

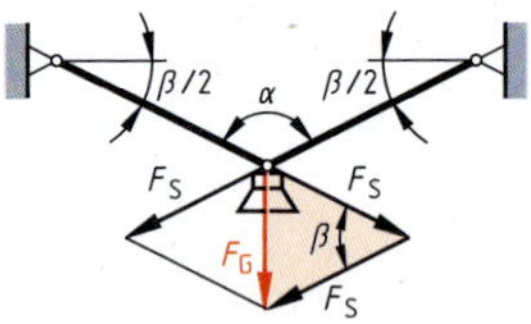

Aufhängung

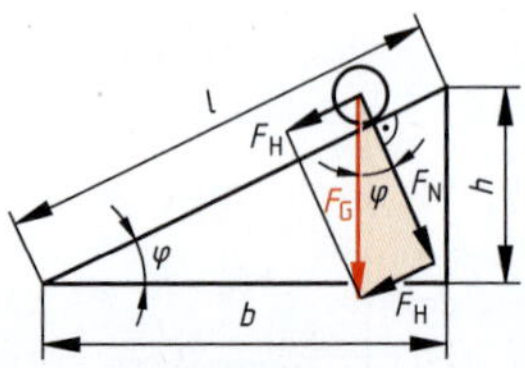

Schiefe Ebene

F_G	Gewichtskraft
F_S	Seilkräfte
α	Winkel zwischen den Seilkräften
β	Winkel im Krafteck

$\beta = 180° - \alpha$

$$F_S = \frac{F_G}{\sqrt{2 \cdot (1 - \cos\beta)}}$$

$$F_G = F_S \cdot \sqrt{2 \cdot (1 - \cos\beta)}$$

F_H	Hangabtriebskraft
F_N	Normalkraft
l	Länge der schiefen Ebene
b	Basislänge der schiefen Ebene
h	Höhenunterschied
φ	Neigungswinkel der schiefen Ebene

$\sin\varphi = \frac{h}{l}$

$\cos\varphi = \frac{b}{l}$

$\tan\varphi = \frac{h}{b}$

$$F_H = F_G \cdot \sin\varphi$$

$$F_N = F_G \cdot \cos\varphi$$

$$F_H = F_N \cdot \tan\varphi$$

4.2 Wirkungsgrad, Arbeitsgrad

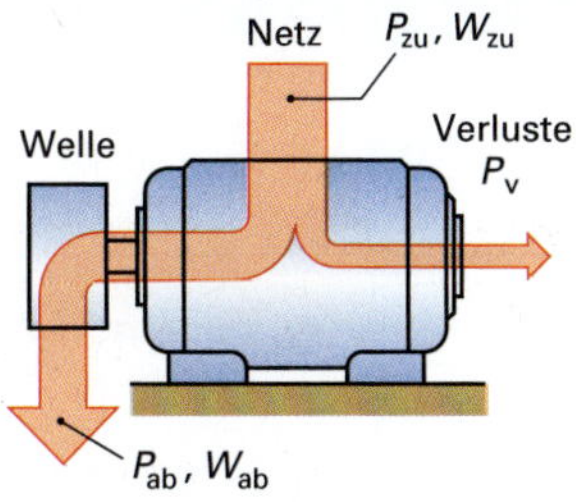

* η griech. Kleinbuchstabe eta;
** ζ griech. Kleinbuchstabe zeta

η*	Wirkungsgrad (Leistungsverhältnis)
P_{zu}	zugeführte Leistung (statt P_{zu} auch P_1)
P_{ab}	abgegebene Leistung (statt P_{ab} auch P_2)
P_v	Verlustleistung
ζ**	Arbeitsgrad, Nutzungsgrad (Arbeits-, Energieverhältnis)
W_{zu}	zugeführte Energie
W_{ab}	abgegebene Energie
η	Gesamtwirkungsgrad
$\eta_1, \eta_2 \ldots$	Einzelwirkungsgrade

$[P]$ = W (Watt); $[W]$ = Ws (Wattsekunde)

$$\eta = \frac{P_{ab}}{P_{zu}}$$

$$P_v = P_{zu} - P_{ab}$$

$$\zeta = \frac{W_{ab}}{W_{zu}}$$

$$\eta = \eta_1 \cdot \eta_2 \cdot \eta_3 \ldots$$

5 Wärmelehre

5.1 Temperatur

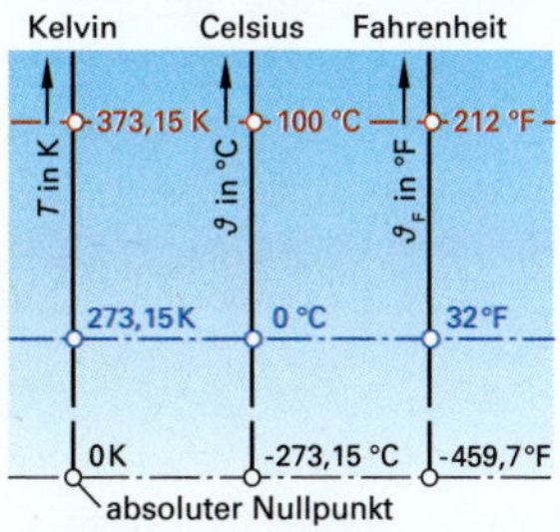

ϑ	Temperatur in Grad Celsius $[\vartheta]$ = °C
T	Temperatur in Kelvin $[T]$ = K
$\Delta\vartheta$, ΔT	Temperaturdifferenz in Kelvin $[\Delta\vartheta] = [\Delta T]$ = °C = K
ϑ_F	Temperatur in Grad Fahrenheit

Absoluter Nullpunkt T_0:
$T_0 = 0\ \text{K} \triangleq \vartheta_0 = -273{,}15\ °\text{C}$

Eispunkt des Wassers T_1:
$T_1 = 273{,}15\ \text{K} \triangleq \vartheta_1 = 0\ °\text{C}$

Temperatur in Kelvin:

$$T = \left(273{,}15 + \frac{\vartheta}{°\text{C}}\right)\text{K}$$

$$\Delta\vartheta = \vartheta_2 - \vartheta_1$$

$$\Delta T = T_2 - T_1$$

Temperatur in Fahrenheit:

$$\vartheta_F = 1{,}8 \cdot \vartheta + 32\ °\text{F}$$

5.2 Wärmedehnung

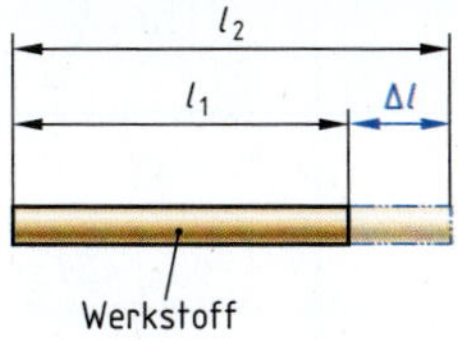

Werte für α_l: Seite 61

Δl, ΔV	Längen- bzw. Volumenänderung
l_1, V_1	Länge bzw. Volumen in kaltem Zustand
l_2, V_2	Länge bzw. Volumen in erwärmtem Zustand
$\Delta\vartheta$	Temperaturdifferenz
α_l	Längenausdehnungskoeffizient
γ	Volumenausdehnungskoeffizient

$$\Delta l = \alpha_l \cdot l_1 \cdot \Delta\vartheta$$

$$\Delta V = \gamma \cdot V_1 \cdot \Delta\vartheta$$

$$l_2 = l_1 (1 + \alpha_l \cdot \Delta\vartheta)$$

$$V_2 = V_1 (1 + \gamma \cdot \Delta\vartheta)$$

$\gamma \approx 3 \cdot \alpha_l$

$[\alpha_l] = [\gamma] = \frac{1}{°\text{C}} = \frac{1}{\text{K}}$

5.3 Wärmemenge

Wärmeaufnahme und Wärmeabgabe bei Temperaturänderung

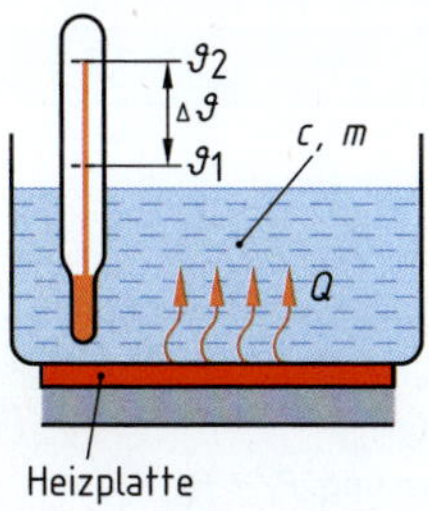

Q	Wärme, Wärmemenge
m	Masse
$\Delta\vartheta$	Temperaturdifferenz
ϑ_1	Anfangstemperatur
ϑ_2	Endtemperatur
c	spezifische Wärmekapazität $\left(\text{Wasser } c = \frac{4{,}187\ \text{kJ}}{\text{kg} \cdot \text{K}}\right)$
C_{th}	Wärmekapazität

- Weitere Werte für ***c***: Seite 61
- Elektrowärme: Seite 17

$$\Delta\vartheta = \vartheta_2 - \vartheta_1$$

$$Q = c \cdot m \cdot \Delta\vartheta$$

$$C_{th} = c \cdot m$$

$$Q = C_{th} \cdot \Delta\vartheta$$

$[c] = \frac{\text{kJ}}{\text{kg} \cdot \text{K}}$; $[C_{th}] = \frac{\text{kJ}}{\text{K}}$

6 Elektrotechnische Grundlagen

6.1 Grundgesetze

Ohmsches Gesetz

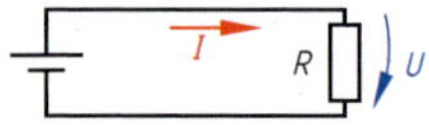

U Spannung I Stromstärke R Widerstand	$[U] = \text{V}$ $[I] = \text{A}$ $\quad 1\,\text{A} = 1\,\frac{\text{V}}{\Omega}$ $[R] = \Omega$	$I = \frac{U}{R}$

Leiterwiderstand

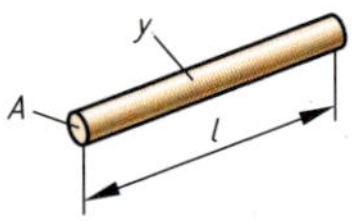

* Nach DIN 1304 für:
- Querschnitt auch S oder q,
- elektr. Leitfähigkeit auch σ oder χ.

R Leiterwiderstand A* Leiterquerschnitt l Leiterlänge γ* elektr. Leitfähigkeit ϱ spezifischer Widerstand $1\,\text{m}\Omega = 0{,}001\,\Omega = 1 \cdot 10^{-3}\,\Omega$ $1\,\text{k}\Omega = 1000\,\Omega = 1 \cdot 10^{3}\,\Omega$ $1\,\text{M}\Omega = 1\,000\,000\,\Omega = 1 \cdot 10^{6}\,\Omega$	$[\gamma] = \frac{\text{m}}{\Omega \cdot \text{mm}^2}$ $\gamma_{Cu} = 56\,\frac{\text{m}}{\Omega \cdot \text{mm}^2}$ $\gamma_{Al} = 36\,\frac{\text{m}}{\Omega \cdot \text{mm}^2}$ $\varrho_{Cu} = 0{,}0178\,\frac{\Omega \cdot \text{mm}^2}{\text{m}}$ $\varrho_{Al} = 0{,}0278\,\frac{\Omega \cdot \text{mm}^2}{\text{m}}$	$R = \frac{l}{\gamma \cdot A};\ R = \frac{\varrho \cdot l}{A}$ $l = R \cdot \gamma \cdot A$ $A = \frac{l}{\gamma \cdot R}$ $\gamma = \frac{1}{\varrho}$

Widerstand und Leitwert

R Widerstand (Widerstandswert) G Leitwert	$[G] = \frac{1}{\Omega} = \text{S}$	$G = \frac{1}{R}$

Widerstand und Temperatur

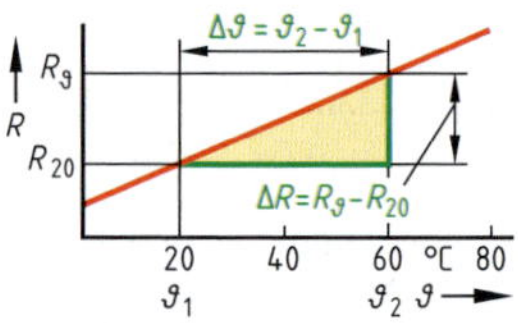

Werte für α, γ und ϱ: Seite 61.

ΔR Widerstandsänderung R_ϑ Widerstand bei der Temperatur ϑ R_{20} Widerstand bei der Temperatur 20 °C ϑ Temperatur ϑ_1 Anfangstemperatur ϑ_2 Endtemperatur $\Delta\vartheta$ Temperaturdifferenz α Temperaturkoeffizient (Temperaturbeiwert)	$[\Delta R] = \Omega$ $[\Delta\vartheta] = \text{K} = °\text{C}$ $\Delta\vartheta = \vartheta_2 - \vartheta_1$ $\Delta R = R_\vartheta - R_{20}$ $[\alpha] = \frac{1}{\text{K}} = \frac{1}{°\text{C}}$	$\Delta R = \alpha \cdot R_{20} \cdot \Delta\vartheta$ $R_\vartheta = R_{20} + \Delta R$ $R_\vartheta = R_{20}\,(1 + \alpha \cdot \Delta\vartheta)$ $\Delta\vartheta = \frac{R_\vartheta - R_{20}}{\alpha \cdot R_{20}}$

Stromdichte

Strombelastbarkeit von isolierten Leitungen: Seite 62.
*Nach DIN 1304: statt J auch S.

J* Stromdichte I Stromstärke A Leiterquerschnitt	$[J] = \frac{\text{A}}{\text{mm}^2}$	$J = \frac{I}{A}$

Knotenregel (1. Kirchhoff'sche Regel)

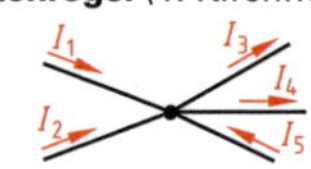

$I_1 + I_2 + I_5 = I_3 + I_4$

ΣI_{zu} ΣI_{ab} I_1, I_2, I_5 I_3, I_4	Summe der zufließenden Ströme Summe der abfließenden Ströme zufließende Ströme abfließende Ströme	$\Sigma I_{zu} = \Sigma I_{ab}$

Maschenregel (2. Kirchhoff'sche Regel)

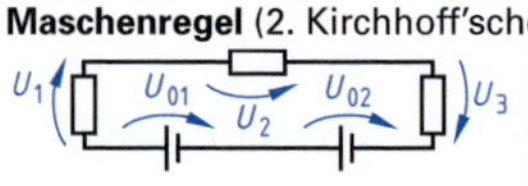

$U_{01} + U_{02} = U_1 + U_2 + U_3$

ΣU_{erz} ΣU_{verbr} U_{01}, U_{02} U_1, U_2, U_3	Summe der Erzeugerspannungen Summe der Verbraucherspannungen Erzeugerspannungen (U_{erz}) Verbraucherspannungen (U_{verbr})	$\Sigma U_{erz} = \Sigma U_{verbr}$

6.2 Anpassung

Leistungsanpassung

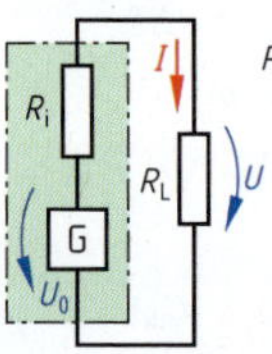

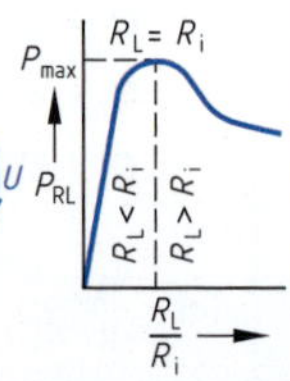

R_L	Lastwiderstand
R_i	Innenwiderstand
U	Lastspannung
U_0	Leerlaufspannung, Quellenspannung
I	Laststrom
I_k	Kurzschlussstrom
P_{max}	größte Leistung an R_L

Leistungsanpassung:

$R_L = R_i$ $\quad U = \frac{U_0}{2}$ $\quad I = \frac{I_k}{2}$

$P_{max} = \frac{U_0}{2} \cdot \frac{I_k}{2}$ $\quad P_{max} = \frac{U_0^2}{4 \cdot R_i}$

Stromanpassung: $R_L \ll R_i$
Spannungsanpassung: $R_L \gg R_i$

6.3 Schaltungen von Widerständen

Reihenschaltung von Widerständen

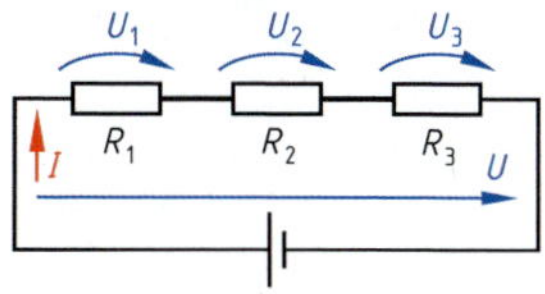

Durch in Reihe geschaltete Verbraucher fließt derselbe Strom I.

R	Ersatzwiderstand (Gesamtwiderstand)
R_1, R_2, R_3	Einzelwiderstände
U	Gesamtspannung
U_1, U_2, U_3	Teilspannungen, Verbraucherspannungen
I	Stromstärke
n	Anzahl gleicher Widerstände

$$U = U_1 + U_2 + U_3 \dots$$

$$R = R_1 + R_2 + R_3 \dots$$

$$\frac{U_1}{U_2} = \frac{R_1}{R_2} \qquad \frac{U_1}{U} = \frac{R_1}{R}$$

Für n-gleiche Widerstände:

$$R = n \cdot R_1$$

Parallelschaltung von Widerständen

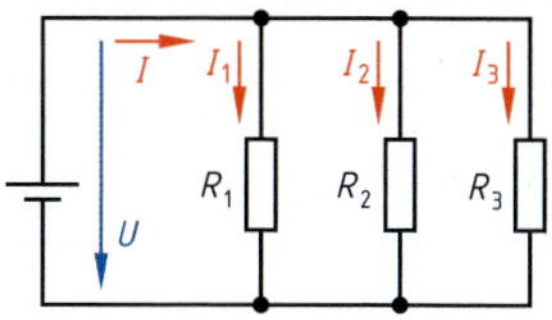

An parallelgeschalteten Verbrauchern liegt dieselbe Spannung U.

R	Ersatzwiderstand
R_1, R_2, R_3	Einzelwiderstände
I	Gesamtstrom
I_1, I_2, I_3	Teilströme
G	Ersatzleitwert
G_1, G_2, G_3	Einzelleitwerte
n	Anzahl gleicher Widerstände

$$I = I_1 + I_2 + I_3 + \dots$$

$$G = G_1 + G_2 + G_3 + \dots$$

$$\frac{1}{R} = \frac{1}{R_1} + \frac{1}{R_2} + \frac{1}{R_3} + \dots$$

$$\frac{I_1}{I_2} = \frac{R_2}{R_1} \qquad \frac{I_1}{I_3} = \frac{R_3}{R_1}$$

Für n-gleiche Widerstände: $R = \frac{R_1}{n}$

Parallelschaltung von zwei Widerständen

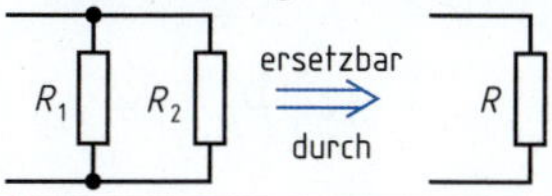

R	Ersatzwiderstand
R_1, R_2	Einzelwiderstände parallel

$$R = \frac{R_1 \cdot R_2}{R_1 + R_2}$$

Gemischte Schaltungen (Gruppenschaltungen)

Beispiel:

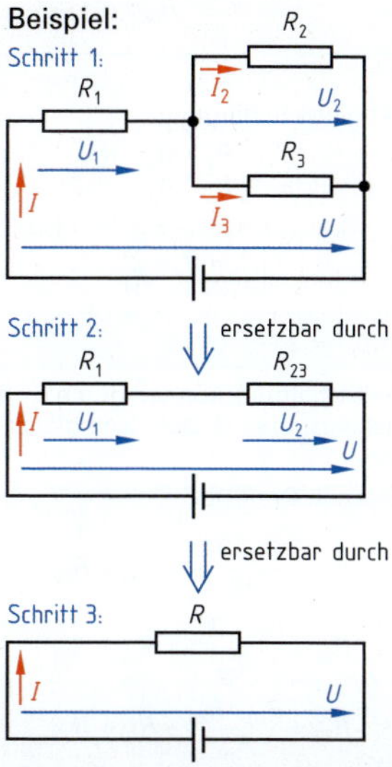

Gemischte Schaltungen sind Kombinationen aus Reihen- und Parallelschaltungen. Ermitteln der Ersatzwiderstände:

- Die Schaltung wird von innen nach außen aufgelöst.
- Reihen- und Parallelschaltungen werden Schritt für Schritt zu Ersatzwiderständen zusammengefasst.
- Die Schritte des Zusammenfassens werden wiederholt, bis nur noch ein Ersatzwiderstand vorliegt.

R_1, R_2, R_3	Einzelwiderstände
R_{23}, R	Ersatzwiderstände
U	Gesamtspannung
U_1, U_2	Teilspannungen
I	Gesamtstrom
I_2, I_3	Teilströme

Berechnen des Ersatzwiderstandes vom Beispiel:

Schritt 1: Parallelschaltung R_{23} aus R_2 und R_3:

$$R_{23} = \frac{R_2 \cdot R_3}{R_2 + R_3}$$

Schritt 2: Reihenschaltung R aus R_1 und R_{23}:

$$R = R_1 + R_{23}$$

Berechnen von Spannungen und Strömen:

$$U = R \cdot I$$

$$U_1 = R_1 \cdot I \qquad U_2 = R_{23} \cdot I$$

$$I_2 = \frac{U_2}{R_2} \qquad I_3 = \frac{U_2}{R_3}$$

$$I = I_2 + I_3$$

- Berechnen von Vorwiderständen: Seite 50
- E-Reihen: Seite 65

6.4 Spannungsteiler

Unbelasteter Spannungsteiler

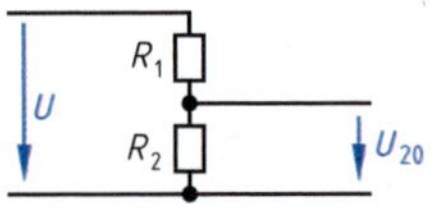

R_1, R_2	Teilwiderstände
U	Gesamtspannung
U_{20}	Teilspannung bei Leerlauf

$$U_{20} = \frac{R_2}{R_1 + R_2} \cdot U$$

$$R_1 = R_2 \left(\frac{U}{U_{20}} - 1 \right)$$

Belasteter Spannungsteiler

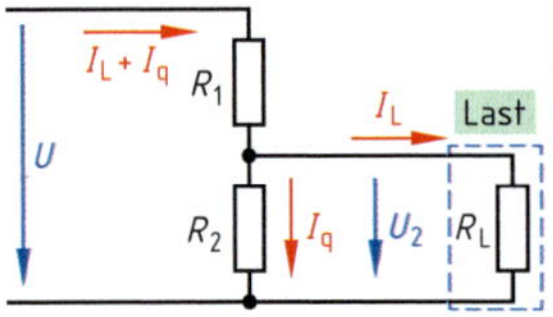

R_L	Lastwiderstand
R_1, R_2	Teilwiderstände
R_{2L}	Ersatzwiderstand aus R_2 u. R_L
U	Gesamtspannung
U_2	Teilspannung bei Belastung
I_L	Laststrom
U_{20}	Teilspannung bei Leerlauf
I_q	Querstrom
q	Querstromverhältnis

$$U_2 = U \cdot \frac{R_{2L}}{R_1 + R_{2L}}$$

$$R_{2L} = \frac{R_2 \cdot R_L}{R_2 + R_L} \qquad q = \frac{I_q}{I_L} = \frac{R_L}{R_2}$$

$$R_2 = R_L \cdot \frac{U}{U_2} \cdot \frac{U_{20} - U_2}{U - U_{20}}$$

$$R_1 = R_2 \cdot \left(\frac{U}{U_{20}} - 1 \right)$$

6.5 Widerstandsbestimmung

Spannungsfehlerschaltung (für große Widerstände)

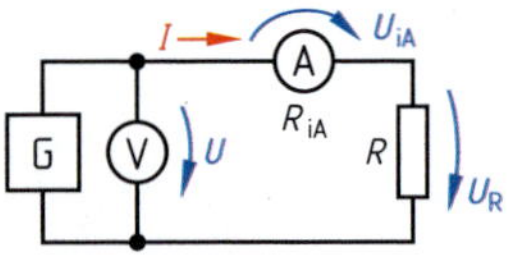

U	angezeigte Spannung
I	angezeigte Stromstärke
R_{iA}	Innenwiderstand des Strommessers
R	zu bestimmender Widerstand
U_{iA}	Spannung am Strommesser

$$R = \frac{U}{I} - R_{iA}$$

$$R = \frac{U - U_{iA}}{I}$$

Stromfehlerschaltung (für kleine Widerstände)

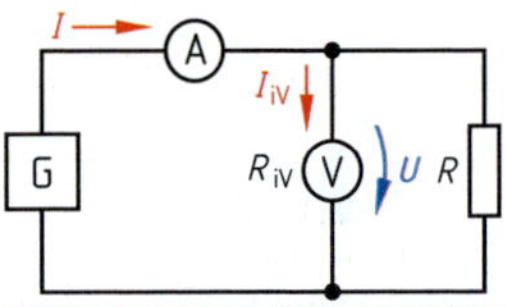

U	angezeigte Spannung
I	angezeigte Stromstärke
I_{iV}	Strom durch den Spannungsmesser
R	zu bestimmender Widerstand
R_{iV}	Innenwiderstand des Spannungsmessers

$$R = \frac{U}{I - I_{iV}}$$

$$R = \frac{U}{I - \frac{U}{R_{iV}}}$$

Widerstandsmessbrücke

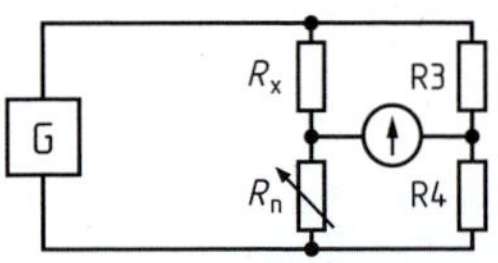

R_x	unbekannter Widerstand
R_n	Vergleichswiderstand
R_3, R_4	Brückenwiderstände

Abgleichbedingung:

$$\frac{R_x}{R_n} = \frac{R_3}{R_4}$$

$$R_x = R_n \cdot \frac{R_3}{R_4}$$

6.6 Unabgeglichene Brückenschaltung (Dreieck-Stern-Umwandlung)

Dreieck-Stern-Umwandlung

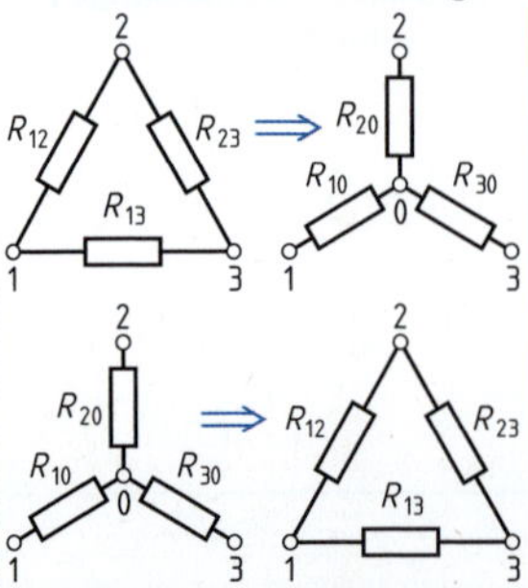

Widerstandsschaltungen, z. B. die Brückenschaltung, können durch eine Dreieck-Stern-Umwandlung (oder umgekehrt) in eine elektrisch gleichwertige Schaltung umgewandelt werden.

Dreieck in Stern:

$$R_{10} = \frac{R_{12} \cdot R_{13}}{R_{12} + R_{13} + R_{23}}$$

$$R_{20} = \frac{R_{12} \cdot R_{23}}{R_{12} + R_{13} + R_{23}}$$

$$R_{30} = \frac{R_{13} \cdot R_{23}}{R_{12} + R_{13} + R_{23}}$$

R_{10}, R_{20}, R_{30} Widerstände der Sternschaltung

Stern in Dreieck:

$$R_{12} = \frac{R_{10} \cdot R_{20}}{R_{30}} + R_{10} + R_{20}$$

$$R_{13} = \frac{R_{10} \cdot R_{30}}{R_{20}} + R_{10} + R_{30}$$

$$R_{23} = \frac{R_{20} \cdot R_{30}}{R_{10}} + R_{20} + R_{30}$$

R_{12}, R_{13}, R_{23} Widerstände der Dreieckschaltung

6 Elektrotechnik

6.7 Elektrische Arbeit und elektrische Leistung

Elektrische Arbeit

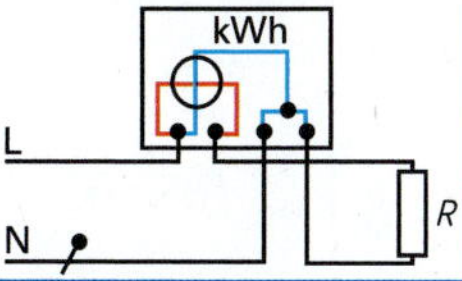

W elektrische Arbeit U Spannung I Stromstärke t Zeit Q elektrische Ladung P elektrische Leistung	$[W] = \text{V} \cdot \text{A} \cdot \text{s} = \text{Ws} = \text{J}$ $1\ \text{J} = 1\ \text{Ws} = 1\ \text{Nm}$ $1\ \text{kWh} = 1000\ \text{Wh} = 3{,}6 \cdot 10^6\ \text{Ws} = 3{,}6\ \text{MJ}$	$W = U \cdot I \cdot t$ $W = P \cdot t$ $W = U \cdot Q$

Elektrische Leistung bei Gleichstrom
(Gleichstromleistung)

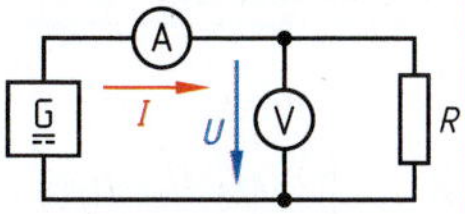

Leistung bei Wechselstrom: Seite 25

U Spannung I Stromstärke R Widerstand P elektrische Leistung W elektrische Arbeit	$[P] = \text{V} \cdot \text{A} = \text{VA} = \text{W} = \frac{\text{J}}{\text{s}}$ $1\ \text{W} = 1\ \frac{\text{Nm}}{\text{s}} = 1\ \frac{\text{J}}{\text{s}}$	$P = U \cdot I$ $P = \frac{W}{t}$ $P = \frac{U^2}{R}$ $P = I^2 \cdot R$

Leistungsbestimmung mit dem Elektrizitätszähler

P elektrische Leistung C_Z Zählerkonstante n Umdrehungen der Zählerscheibe je Stunde	$[P] = \frac{\frac{1}{\text{h}}}{\frac{1}{\text{kWh}}} = \text{kW}$	$P = \frac{n}{C_z}$

6.8 Kosten der elektrischen Arbeit (Arbeitspreis)

€

K_A Arbeitspreis W elektrische Arbeit (Verbrauch elektr. Energie) T tariflicher Preis P elektrische Leistung t Zeit	$[K_A] = €$ $[W] = \text{kWh}$ $[T] = \frac{€}{\text{kWh}}$	$K_A = W \cdot T$ $K_A = P \cdot t \cdot T$

Arbeitspreis (Verbrauchsentgelt) = elektrische Arbeit × tariflicher Preis je kWh

6.9 Elektrowärme

Elektrische Arbeit und Wärme

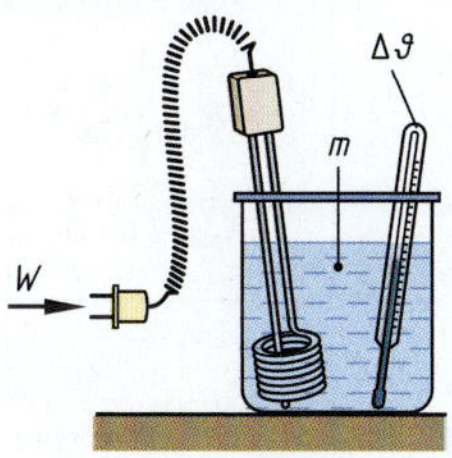

Wärmenutzungsgrad

* nach DIN 1304 ζ (zeta) (früher: Wärmewirkungsgrad η)
ζ griech. Kleinbuchstabe zeta

Q_N Nutzwärme W elektr. Arbeit m Masse c spezifische Wärmekapazität (für Wasser: $c = 4{,}187\ \text{kJ/(kg} \cdot \text{K)}$) $\Delta\vartheta$ Temperaturdifferenz ϑ Temperatur ϑ_1 Anfangstemperatur ϑ_2 Endtemperatur t Zeit P elektr. Leistung C_{th} Wärmekapazität ζ Wärmenutzungsgrad* (Energieverhältnis) Q_S Stromwärme	$[Q] = \text{kg} \cdot \frac{\text{kJ}}{\text{kg} \cdot \text{K}} \cdot \text{K} = \text{kJ}$ $[c] = \frac{\text{J}}{\text{kg} \cdot \text{K}}$ $[C] = \frac{\text{Ws}}{\text{K}} = \frac{\text{J}}{\text{K}}$ $[P] = \frac{\text{kJ}}{\text{s}} = \text{kW}$	$Q_N = c \cdot m \cdot \Delta\vartheta$ $C_{th} = \frac{Q_N}{\Delta\vartheta}$ $C_{th} = c \cdot m$ $\Delta\vartheta = \vartheta_2 - \vartheta_1$ $W = \frac{Q_N}{\zeta};\ W = Q_S = P \cdot t$ $P = \frac{m \cdot c \cdot \Delta\vartheta}{t \cdot \zeta}$ $\zeta = \frac{Q_N}{Q_S} = \frac{Q_N}{W}$

Wassermischung

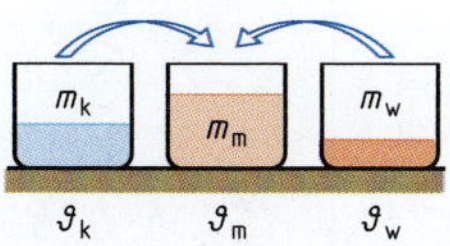

m_k Kaltwassermenge m_w Warmwassermenge m_m Mischwassermenge ϑ_k Kaltwassertemperatur ϑ_w Warmwassertemperatur ϑ_m Mischwassertemperatur	$m_m \cdot \vartheta_m = m_k \cdot \vartheta_k + m_w \cdot \vartheta_w$ $m_m = m_k + m_w$ $\vartheta_m = \frac{m_k \cdot \vartheta_k + m_w \cdot \vartheta_w}{m_k + m_w}$

6.10 Elektrochemie

Elektrolyse

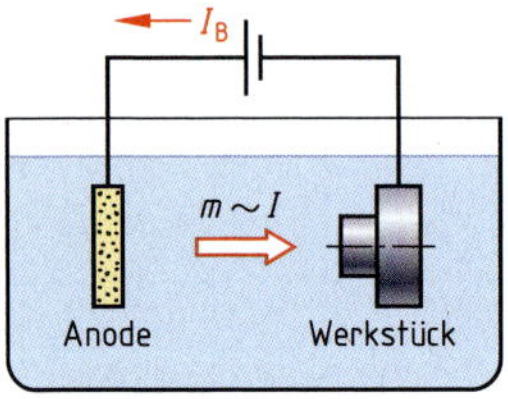

m	abgeschiedene Stoffmasse
c	elektrochemisches Äquivalent*
I	Nutzstrom
t	Zeit, Dauer
ζ_i	Stromausbeute**
I_B	Gesamtstrom (Badstrom)

$[c] = \frac{mg}{As}$

$[c] = \frac{g}{Ah}$

$1 = \frac{mg}{As} = 3{,}6\,\frac{g}{Ah}$

* Elektrochemische Äquivalente c: Seite 61

** ζ griech. Kleinbuchstabe zeta

$$m = c \cdot I \cdot t$$

$$I = \zeta_i \cdot I_B$$

Galvanisches Element, z. B. Batterie

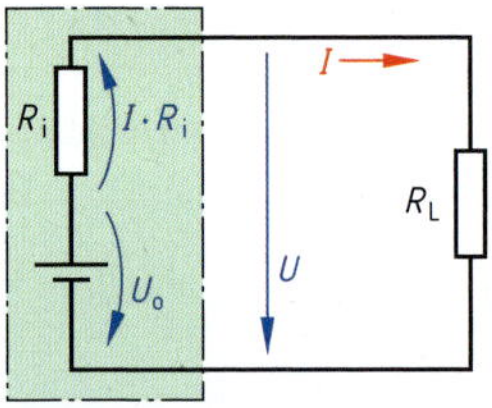

U	Klemmenspannung, Arbeitsspannung
U_0	Leerlaufspannung (Urspannung)
I	Laststrom
R_i	Innenwiderstand
R_L	Lastwiderstand
I_K	Kurzschlussstrom

Leerlauf: $I = 0$

$$U = U_0$$

Belastung: $R_L > 0$

$$U = U_0 - I \cdot R_i$$

$$I = \frac{U_0}{R_L + R_i}$$

Kurzschluss: $R_L \approx 0$

$$I_k \approx \frac{U_0}{R_i}$$

6.11 Schaltung von gleichen Spannungserzeugern, z. B. Batterien

Reihenschaltung Spannungserzeuger

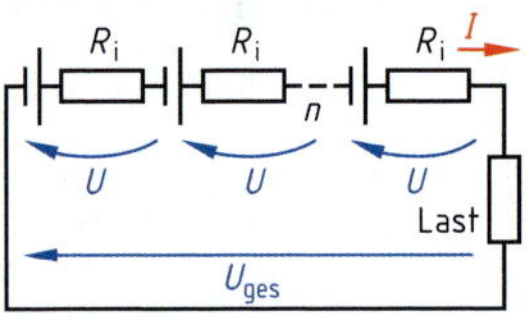

U_{ges}	gesamte Klemmenspannung
U	Klemmenspannung eines Elements
n	Zahl gleicher Elemente
R_{iges}	gesamter Innenwiderstand
R_i	Innenwiderstand eines Elements
K_{ges}	gesamte Kapazität
K	Kapazität eines Elements

$$U_{ges} = n \cdot U$$

$$R_{iges} = n \cdot R_i$$

$$K_{ges} = K$$

Parallelschaltung Spannungserzeuger

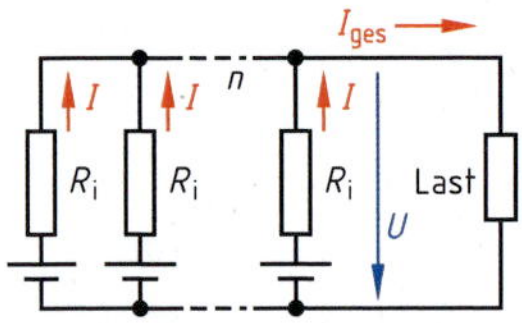

I_{ges}	gesamter Laststrom
I	Strom eines Elements
n	Zahl gleicher Elemente
R_{iges}	gesamter Innenwiderstand
R_i	Innenwiderstand eines Elements
K_{ges}	gesamte Kapazität
K	Kapazität eines Elements

$$I_{ges} = n \cdot I$$

$$R_{iges} = \frac{R_i}{n}$$

$$K_{ges} = n \cdot K$$

Akkumulatoren

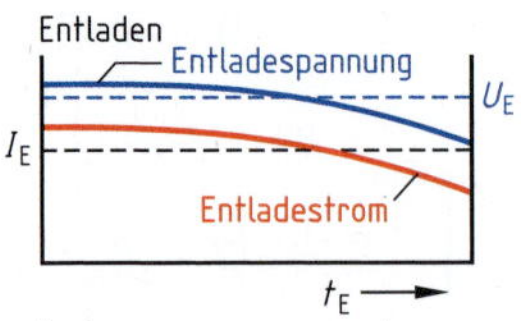

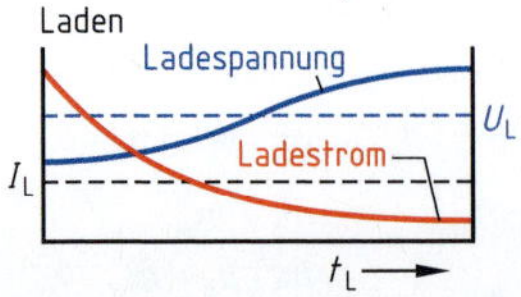

* ζ griech. Kleinbuchstabe zeta

K_E	Entladekapazität
I_E	mittl. Entladestrom
t_E	Entladezeit
U_E	mittl. Entladespannung
ζ_{Ah}	Ladungs-Nutzungsgrad*, Ladungsverhältnis (Ah-Wirkungsgrad)
ζ_{Wh}	Energie-Nutzungsgrad*, Energieverhältnis (Wh-Wirkungsgrad)
K_L	Ladekapazität
I_L	mittl. Ladestrom
t_L	Ladezeit
U_L	mittl. Ladespannung
a	Ladefaktor

$[K] = [I] \cdot [t]$

$[K] = As$

$[K] = Ah$

$1\,Ah = 3600\,As$

$k_{10} \Rightarrow K_E$ bei $t_E = 10\,h$

$k_{20} \Rightarrow K_E$ bei $t_E = 20\,h$

$$K_E = I_E \cdot t_E$$

$$K_L = I_L \cdot t_L$$

$$a = \frac{K_L}{K_E}$$

$$\zeta_{Ah} = \frac{K_E}{K_L}$$

$$\zeta_{Wh} = \frac{U_E \cdot I_E \cdot t_E}{U_L \cdot I_L \cdot t_L}$$

7 Elektrisches Feld, Kondensator

7.1 Elektrische Feldstärke

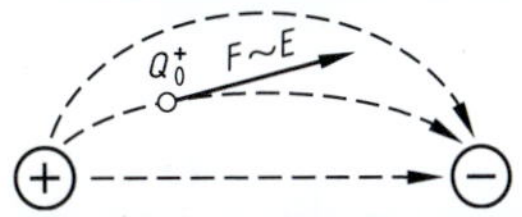

E elektrische Feldstärke
Q_0 elektrische Ladung im Feld
F Kraft auf die Ladung Q_0

$[E] = \frac{N}{C} = \frac{N}{As} = \frac{V}{m}$

$$E = \frac{F}{Q_0}$$

7.2 Kondensator

Kapazität

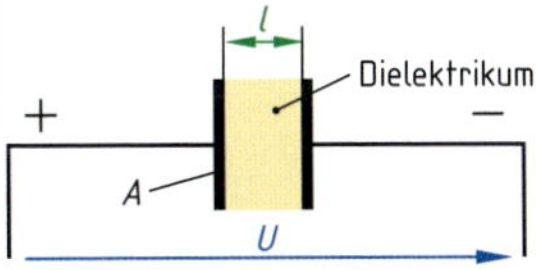

Plattenkondensator
(homogenes Feld)

Dielektrikum
- Luft $\varepsilon_r = 1$
- anderer Isolierstoff ε_r siehe Tabelle

$\varepsilon_0 = 8{,}85 \cdot 10^{-12}\ \frac{As}{Vm}$

Schaltung von Kondensatoren:
Seite 22 und Seite 23

C Kapazität
Q gespeicherte Ladung
U Spannung am Kondensator
W gespeicherte Energie
E elektrische Feldstärke
l Plattenabstand
A wirksame Plattenfläche (Feldquerschnitt)
ε Permittivität*
ε_0 elektr. Feldkonstante
ε_r Permittivitätszahl
σ Flächenladungsdichte, Ladungsbedeckung**
F Kraft zwischen geladenen Kondensatorplatten

* griech. Kleinbuchstabe Epsilon
** griech. Kleinbuchstabe Sigma

Einheiten	Formeln
$[C] = \frac{As}{V} = F$	$C = \frac{Q}{U}$
$[W] = VAs = J$	$W = \frac{1}{2} C \cdot U^2$
$[E] = \frac{V}{m} = \frac{N}{As}$	$E = \frac{U}{l}$
$[C] = \frac{As \cdot m^2}{Vm \cdot m} = F$	$C = \varepsilon \cdot \frac{A}{l}$
$[\varepsilon] = [\varepsilon_0] = \frac{As}{Vm} = \frac{F}{m}$	$\varepsilon = \varepsilon_r \cdot \varepsilon_0$
$[\sigma] = \frac{As}{m^2}$	$\sigma = \frac{Q}{A}$
$[E] = \frac{As \cdot Vm}{m^2 \cdot As} = \frac{V}{m}$	$E = \frac{\sigma}{\varepsilon}$
$[F] = \frac{As \cdot V^2}{Vm} = N$	$F = \frac{1}{2} \cdot \varepsilon \cdot \frac{U^2}{l^2} \cdot A$

Tabelle: Permittivitätszahlen (früher Dielektrizitätszahlen)

Dielektrikum	ε_r	Dielektrikum	ε_r	Dielektrikum	ε_r	Dielektrikum	ε_r
Luft	1	Polystyrol	2,5	Glimmer	6 bis 8	Wasser	80
Acrylglas	3,5	Hartpapier	4	Glas	4 bis 8	Isolieröl	1 bis 2,4
Polyethylen	2,3	Keramik	10 bis 10000	Porzellan	5 bis 6	Phenolharz	5

7.3 Zeitkonstante bei RC-Schaltung, Ladezeit und Entladezeit

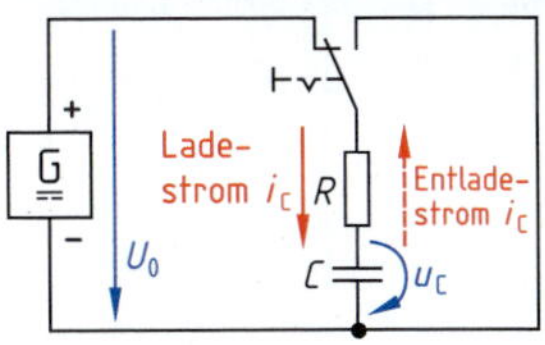

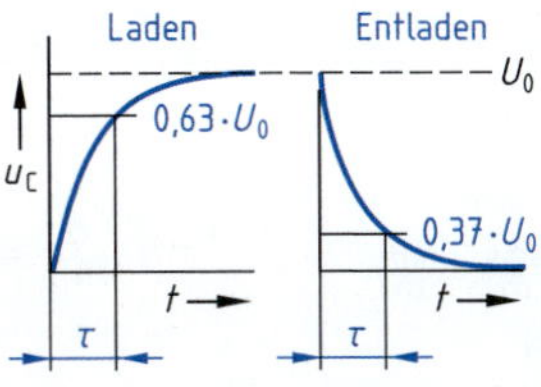

U_0 Ladespannung, Spannung des geladenen Kondensators
u_C Momentanwert der Spannung am Kondensator
i_C Momentanwerte der Lade- bzw. Entladestromstärke
I_0 Anfangsstromstärke
τ Zeitkonstante
C Kapazität
R Widerstand im Stromkreis
t_C Ladezeit, Entladezeit
t Zeit, Dauer
e 2,718... (Eulersche Zahl)

$[\tau] = \frac{V}{A} \cdot \frac{As}{V} = s$

Eingabemodus
- e-Funktion: Taste e^x
- ln-Funktion: Taste LN

Beispiel: $e^{-2,3} = ?$
- Taschenrechner 1: [SHIFT] [ln] [(–)] [2,3] [=] ⇒ 0,1002
- Taschenrechner 2: [2nd] [LN] [(–)] [2,3] [=] ⇒ 0,1002
- Excel (Softwareprogramm): = EXP(–2,3) ⇒ 0,1002

$$\tau = R \cdot C$$

$t_C \approx 5 \cdot \tau$

Laden:

$$u_C = U_0 \cdot \left(1 - e^{-\frac{t}{\tau}}\right)$$

$$i_C = I_0 \cdot e^{-\frac{t}{\tau}} \qquad I_0 = \frac{U_0}{R}$$

Entladen:

$$u_C = U_0 \cdot e^{-\frac{t}{\tau}}$$

$$i_C = -I_0 \cdot e^{-\frac{t}{\tau}}$$

8 Magnetisches Feld

8.1 Magnetische Größen

Durchflutung

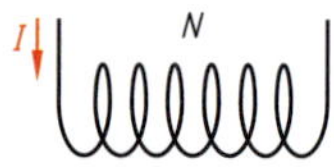

	Θ Durchflutung I Stromstärke N Windungszahl	$[\Theta]$ = A	$\Theta = I \cdot N$

Feldstärke

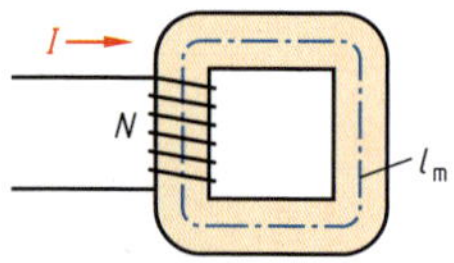

	H magnetische Feldstärke Θ Durchflutung I Stromstärke N Windungszahl l_m mittlere Feldlinienlänge	$[H] = \frac{A}{m}$	$H = \frac{\Theta}{l_m}$ $H = \frac{I \cdot N}{l_m}$

Flussdichte

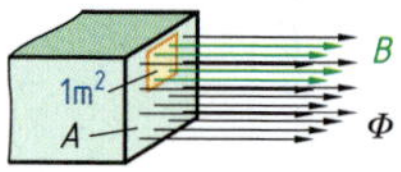

	B magnetische Flussdichte Φ magnetischer Fluss A Querschnittsfläche	$[\Phi]$ = Vs = Wb $[B] = \frac{Vs}{m^2}$ = T	$B = \frac{\Phi}{A}$

Flussdichte und Feldstärke

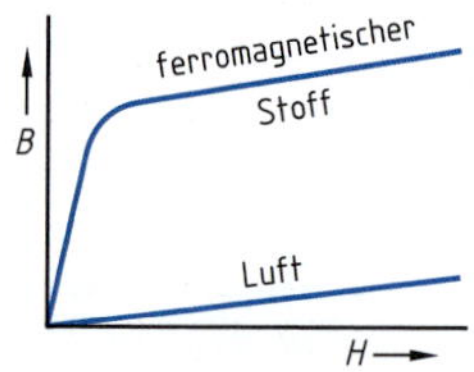

	B magnetische Flussdichte H magnetische Feldstärke μ Permeabilität μ_0 magnet. Feldkonstante $\left(\mu_0 = 1{,}257 \cdot 10^{-6} \frac{Vs}{Am}\right)$ μ_r Permeabilitätszahl (relative Permeabilität)	$[\mu] = \frac{Vs}{Am} = \frac{H}{m}$ $[\mu_0] = [\mu]$ $[H] = \frac{A}{m}$ $[B] = \frac{Vs}{m^2}$ = T	$B = \mu \cdot H$ $\mu = \mu_0 \cdot \mu_r$
	Feld in Luft und in nichtferromagnetischen Stoffen: $\mu_r \approx 1$	Feld in ferromagnetischem Stoff: $\mu_r \gg 1$	

Magnetischer Widerstand

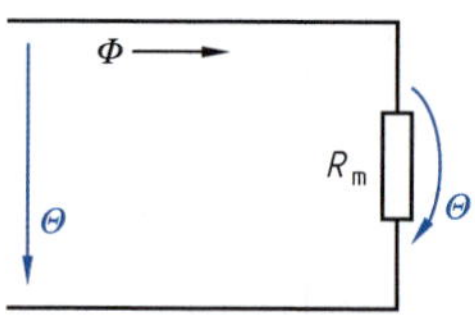

	R_m magnetischer Widerstand Θ Durchflutung Φ magnetischer Fluss l_m mittlere Feldlinienlänge μ_0 magnet. Feldkonstante μ_r Permeabilitätszahl (relative Permeabilität) A Kernquerschnitt	$[R_m] = \frac{A}{Vs} = \frac{1}{H}$ $= \frac{1}{\Omega s}$	$R_m = \frac{\Theta}{\Phi}$ $R_m = \frac{l_m}{\mu_0 \cdot \mu_r \cdot A}$

Magnetischer Leitwert	Λ magnetischer Leitwert R_m magnetischer Widerstand	$[\Lambda] = \frac{Vs}{A}$ = H = Ωs	$\Lambda = \frac{1}{R_m}$

8.2 Haltekraft von Elektromagneten

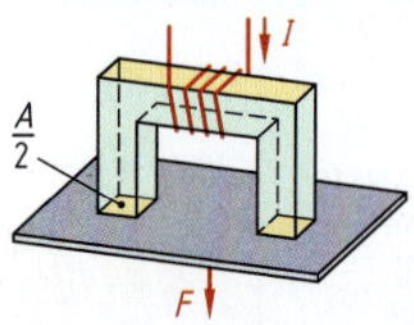

	F Haltekraft, Tragkraft B magnetische Flussdichte A Gesamte Polfläche (wirksame Fläche) μ_0 magnet. Feldkonstante	$[F] = \frac{T^2 \cdot m^2}{\frac{Vs}{Am}}$ $= \frac{VAs}{m} = \frac{Nm}{m}$ = N	$F = \frac{B^2 \cdot A}{2 \cdot \mu_0}$

8.3 Magnetische Feldkräfte

Kraft auf stromdurchflossene Leiter im Magnetfeld

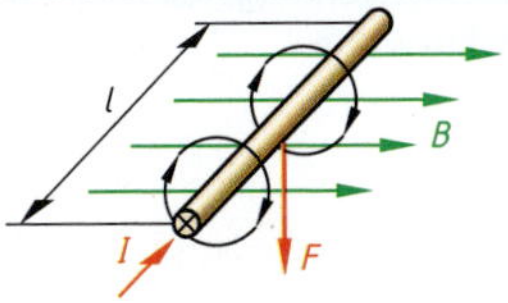

F	Ablenkkraft
B	magnetische Flussdichte
l	Leiterlänge im Magnetfeld
I	Stromstärke im Leiter
z	Zahl der stromdurchflossenen Leiter im Feld
N	Windungszahl

$$[F] = \frac{Vs}{m^2} \cdot A \cdot m = \frac{Ws}{m} = \frac{Nm}{m} = N$$

$$F = B \cdot I \cdot l \cdot z$$

Bei Drehspulen

$$z = 2 \cdot N$$

Kraft zwischen zwei parallelen Leitern

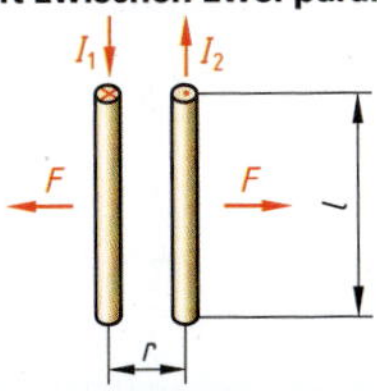

F	Kraft zwischen den Leitern
I_1	Stromstärke im Leiter 1
I_2	Stromstärke im Leiter 2
l	Leiterlänge im Magnetfeld
r	Leiterabstand
μ_0	magnet. Feldkonstante

$$[F] = \frac{Vs \cdot A^2 \cdot m}{Am \cdot m} = \frac{Nm}{m} = N$$

$$\mu_0 = 1{,}257 \cdot 10^{-6}\,\frac{Vs}{Am}$$

$$F = \frac{\mu_0 \cdot I_1 \cdot I_2 \cdot l}{2 \cdot \pi \cdot r}$$

8.4 Induktion

Induktion der Ruhe

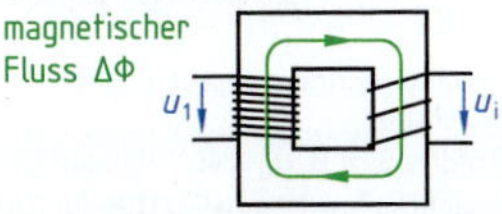

u_i	induzierte Spannung
$\Delta\Phi$	Flussänderung
Δt	Zeitdauer der Flussänderung
N	Windungszahl

$$[u_i] = \frac{Vs}{s} = V$$

$$u_i = -N \cdot \frac{\Delta\Phi}{\Delta t}$$

Induktion der Bewegung

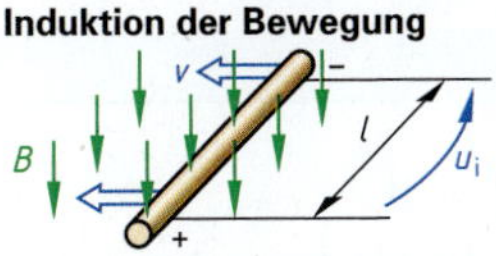

u_i	induzierte Spannung
B	magnetische Flussdichte
l	wirksame Leiterlänge
v	Geschwindigkeit
z	Anzahl der Leiter

$$[u_i] = \frac{Vs}{m^2} \cdot m \cdot \frac{m}{s} = V$$

$$u_i = B \cdot l \cdot v \cdot z$$

Induktivität

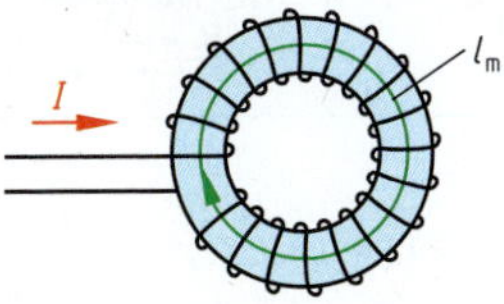

u_i	Selbstinduktionsspannung
L	Induktivität
Δi	Stromänderung
Δt	Zeitdauer der Änderung
N	Windungszahl
Φ	magnetischer Fluss
I	Stromstärke
μ	Permeabilität
A	Spulenquerschnitt
l_m	mittlere Feldlinienlänge
R	Wirkwiderstand im Spulenstromkreis
τ	Zeitkonstante
t	Zeit für Stromanstieg beim Einschalten
A_L	Spulenkonstante in nH/Wdg

$$[L] = \frac{Vs}{A} = H$$

$$\mu_0 = 1{,}257 \cdot 10^{-6}\,\frac{Vs}{Am}$$

$$\tau = \frac{L}{R}$$

$$t \approx 5 \cdot \tau$$

$$u_i = -L \cdot \frac{\Delta i}{\Delta t}$$

$$L = \frac{N \cdot \Phi}{I}$$

$$L = \mu \cdot N^2 \cdot \frac{A}{l_m}$$

$$L = N^2 \cdot A_L$$

Energieinhalt des magnetischen Feldes einer Spule

W	Energie
L	Induktivität
I	Stromstärke

$$[W] = \frac{Vs}{A} \cdot A^2 = Ws = J$$

$$W = \frac{1}{2} \cdot L \cdot I^2$$

Halleffekt

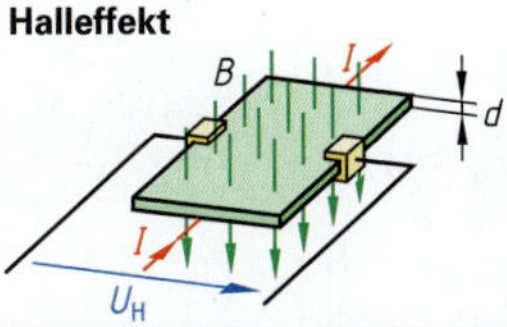

U_H	Hallspannung
I	Stromstärke
R_H	Hallkonstante
B	magnetische Flussdichte
d	Dicke des Hallplättchens

$$[R_H] = \frac{m^3}{As}$$

$$[U_H] = \frac{m^3}{As} \cdot A \cdot \frac{Vs}{m^2} \cdot \frac{1}{m} = V$$

$$U_H = \frac{R_H \cdot I \cdot B}{d}$$

9 Wechselstrom und Drehstrom

9.1 Grundgrößen des Wechselstroms

Frequenz, Kreisfrequenz, Wellenlänge, Augenblickswerte, Scheitelwerte, Effektivwerte

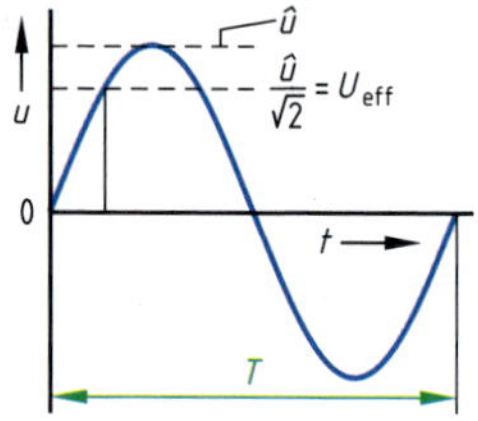

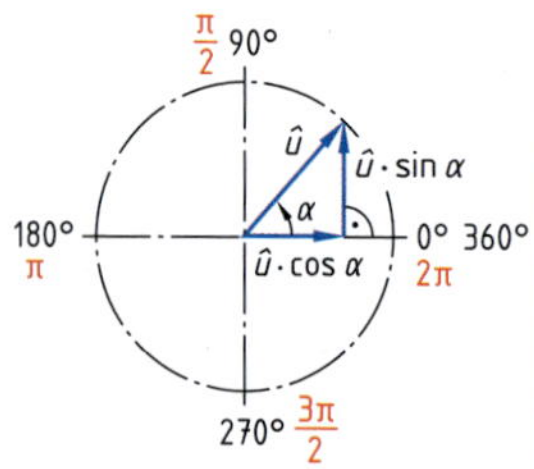

- Nichtsinusförmige Größen: Seite 26 und 56
- Winkelfunktionswerte: Seite 8

f	Frequenz
T	Periodendauer
ω	Kreisfrequenz
α_B	Winkel im Bogenmaß
t	Zeit
λ	Wellenlänge
c	Ausbreitungsgeschwindigkeit elektromagnetischer Wellen im leeren Raum (**c** ≈ 300 000 km/s)
u	Augenblickswert der Spannung
$\hat{u}$, u_{max}	Scheitelwert der Spannung
U, U_{eff}	Effektivwert der Spannung
i	Augenblickswert des Stromes
$\hat{i}$, i_{max}	Scheitelwert des Stromes
I, I_{eff}	Effektivwert des Stromes
p	Polpaarzahl
n	Drehzahl

$[f] = \frac{1}{s} = Hz$

$[\omega] = \frac{1}{s}$

$$f = \frac{1}{T}$$

$$\lambda = \frac{c}{f}$$

Effektivwerte für Sinusform:

$$U_{eff} = U = \frac{\hat{u}}{\sqrt{2}}$$

$$I_{eff} = I = \frac{\hat{i}}{\sqrt{2}}$$

Augenblickswerte:

$$u = \hat{u} \cdot \sin \alpha$$
$$u = \hat{u} \cdot \sin (\omega t)$$

$$i = \hat{i} \cdot \sin \alpha$$
$$i = \hat{i} \cdot \sin (\omega t)$$

$$\omega = 2 \cdot \pi \cdot f$$

$$\alpha_B = \omega \cdot t$$

360° ≙ T
360° ≙ 2 · π

$$f = p \cdot n$$

Taschenrechnereingabe (TSR) beachten:
Gradmaß, z. B. $\alpha_G = 45°$, TSR auf DEG
Bogenmaß, z. B. $\alpha_B = \frac{\pi}{4}$, TSR auf RAD

9.2 Wechselstromwiderstände

Induktiver Blindwiderstand, induktiver Blindleitwert

L	Induktivität
X_L	induktiver Blindwiderstand
ω	Kreisfrequenz
B_L	induktiver Blindleitwert

$[L] = \frac{Vs}{A} = H$

$[X_L] = \frac{1}{s} \cdot \Omega s = \Omega$

$[B_L] = \frac{1}{\Omega} = S$

$[\omega] = \frac{1}{s}$

$$X_L = \omega \cdot L$$

$$B_L = \frac{1}{\omega \cdot L}$$

Reihenschaltung von Induktivitäten

L	Ersatzinduktivität
L_1, L_2 …	Teilinduktivitäten
X_L	induktiver Ersatzblindwiderstand
X_{L1}, X_{L2} …	induktive Teilblindwiderstände

$$L = L_1 + L_2 + L_3 + \ldots$$

$$X_L = X_{L1} + X_{L2} + X_{L3} + \ldots$$

Parallelschaltung von Induktivitäten

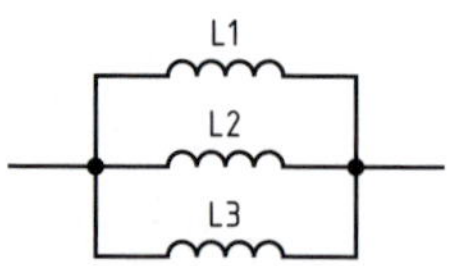

L	Ersatzinduktivität
L_1, L_2 …	Teilinduktivitäten
X_L	induktiver Ersatzblindwiderstand
X_{L1}, X_{L2} …	induktive Teilblindwiderstände

$$\frac{1}{L} = \frac{1}{L_1} + \frac{1}{L_2} + \frac{1}{L_3} + \ldots$$

$$\frac{1}{X_L} = \frac{1}{X_{L1}} + \frac{1}{X_{L2}} + \frac{1}{X_{L3}} + \ldots$$

Kapazitiver Blindwiderstand, kapazitiver Blindleitwert

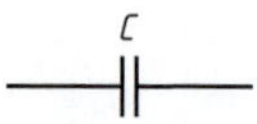

C	Kapazität
X_C	kapazitiver Blindwiderstand
ω	Kreisfrequenz
B_C	kapazitiver Blindleitwert

$[C] = \frac{As}{V} = \frac{s}{\Omega} = F$

$[X_C] = \frac{1}{\frac{1}{s} \cdot \frac{s}{\Omega}} = \Omega$

$[B_C] = \frac{1}{\Omega} = S$

$$X_C = \frac{1}{\omega \cdot C}$$

$$B_C = \omega \cdot C$$

Reihenschaltung von Kapazitäten

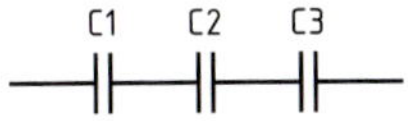

C	Ersatzkapazität
$C_1, C_2 \ldots$	Teilkapazitäten
X_C	kapazitiver Ersatzblindwiderstand
$X_{C1}, X_{C2} \ldots$	kapazitive Teilblindwiderstände

Für zwei Kapazitäten:

$$C = \frac{C_1 \cdot C_2}{C_1 + C_2}$$

$$\frac{1}{C} = \frac{1}{C_1} + \frac{1}{C_2} + \frac{1}{C_3} + \ldots$$

$$X_C = X_{C1} + X_{C2} + X_{C3} + \ldots$$

Parallelschaltung von Kapazitäten

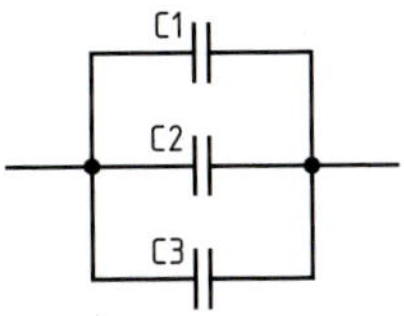

C	Ersatzkapazität
$C_1, C_2 \ldots$	Teilkapazitäten
B_C	kapazitiver Ersatzblindleitwert
$B_{C1}, B_{C2} \ldots$	kapazitiver Teilblindleitwert
X_C	kapazitiver Ersatzblindwiderstand
$X_{C1}, X_{C2} \ldots$	kapazitive Teilblindwiderstände

Für zwei kapazitive Blindwiderstände:

$$X_C = \frac{X_{C1} \cdot X_{C2}}{X_{C1} + X_{C2}}$$

$$C = C_1 + C_2 + C_3 + \ldots$$

$$B_C = B_{C1} + B_{C2} + B_{C3} + \ldots$$

$$\frac{1}{X_C} = \frac{1}{X_{C1}} + \frac{1}{X_{C2}} + \frac{1}{X_{C3}} + \ldots$$

Reihenschaltung von Wirkwiderstand und Induktivität

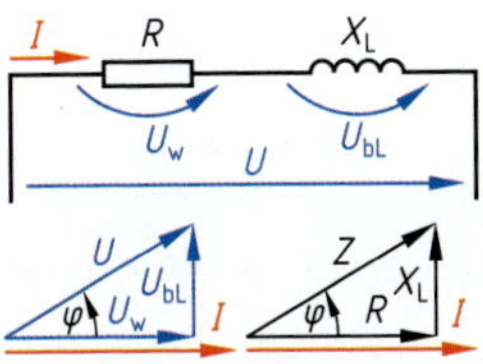

U	Gesamtspannung
U_w	Wirkspannung
U_{bL}	induktive Blindspannung
R	Wirkwiderstand
X_L	induktiver Blindwiderstand
Z	Scheinwiderstand
φ	Phasenverschiebungswinkel

$$U = \sqrt{U_w^2 + U_{bL}^2}$$

$$U_w = U \cdot \cos\varphi; \qquad U_{bL} = U \cdot \sin\varphi$$

$$Z = \frac{U}{I}; \qquad Z = \sqrt{R^2 + X_L^2}$$

$$R = Z \cdot \cos\varphi; \qquad X_L = Z \cdot \sin\varphi$$

Parallelschaltung von Wirkwiderstand und Induktivität

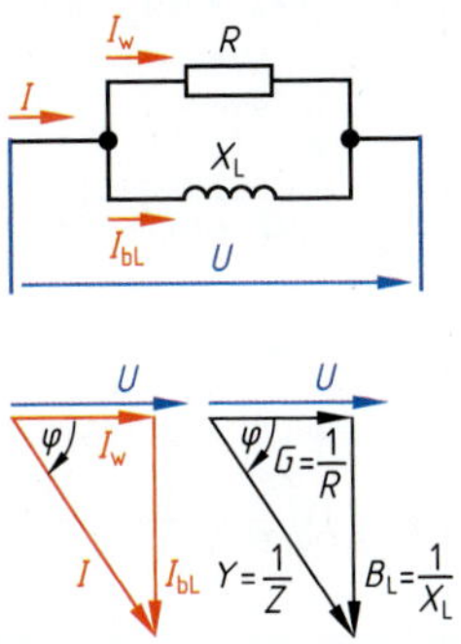

I	Gesamtstrom
I_w	Wirkstrom
I_{bL}	induktiver Blindstrom
U	Spannung
R	Wirkwiderstand
X_L	induktiver Blindwiderstand
Z	Scheinwiderstand
Y	Scheinleitwert
G	Wirkleitwert
B_L	Induktiver Blindleitwert
φ	Phasenverschiebungswinkel
$\cos\varphi$	Wirkfaktor
$\sin\varphi$	Blindfaktor

$$G = Y \cdot \cos\varphi$$

$$B_L = Y \cdot \sin\varphi$$

$$\frac{1}{Z} = \sqrt{\frac{1}{R^2} + \frac{1}{X_L^2}}$$

$$Z = \frac{U}{I}$$

$$I = \sqrt{I_w^2 + I_{bL}^2}$$

$$I_w = I \cdot \cos\varphi$$

$$I_{bL} = I \cdot \sin\varphi$$

$$Y = \sqrt{G^2 + B_L^2}$$

$$Z = \frac{1}{\sqrt{\frac{1}{R^2} + \frac{1}{X_L^2}}}$$

$$R = \frac{Z}{\cos\varphi}$$

$$X_L = \frac{Z}{\sin\varphi}$$

Reihenschaltung von Wirkwiderstand und Kapazität

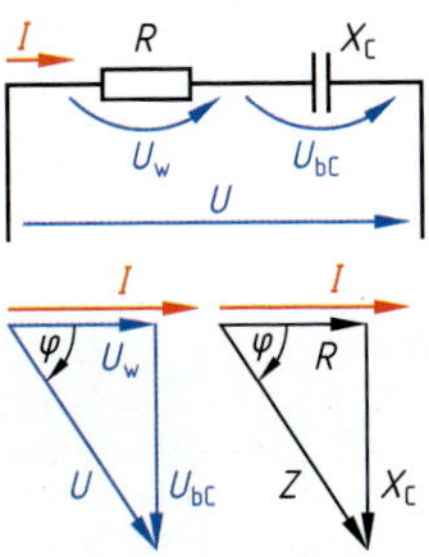

U	Gesamtspannung
U_w	Wirkspannung
U_{bC}	kapazitive Blindspannung
I	Strom
R	Wirkwiderstand
X_C	kapazitiver Blindwiderstand
Z	Scheinwiderstand
φ	Phasenverschiebungswinkel
$\cos\varphi$	Wirkfaktor
$\sin\varphi$	Blindfaktor

$$U = \sqrt{U_w^2 + U_{bC}^2}$$

$$U = I \cdot Z$$

$$U_w = U \cdot \cos\varphi$$

$$U_{bC} = U \cdot \sin\varphi$$

$$Z = \frac{U}{I}; \qquad Z = \sqrt{R^2 + X_C^2}$$

$$R = Z \cdot \cos\varphi$$

$$X_C = Z \cdot \sin\varphi$$

Parallelschaltung von Wirkwiderstand und Kapazität

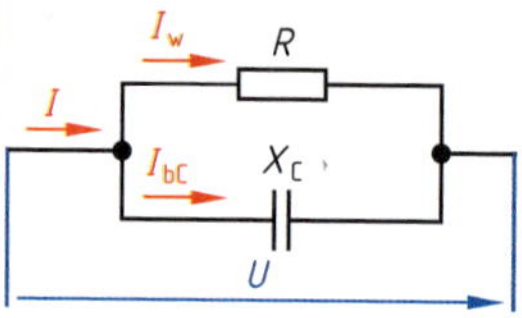

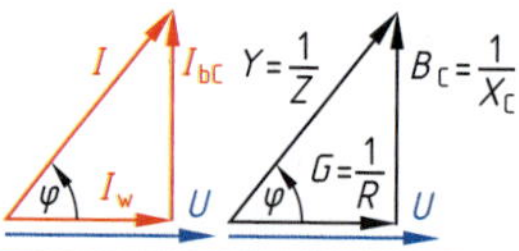

- I Gesamtstrom
- I_w Wirkstrom
- I_{bC} kapazitiver Blindstrom
- U Spannung
- R Wirkwiderstand
- X_C kapazitiver Blindwiderstand
- Z Scheinwiderstand
- G Wirkleitwert
- Y Scheinleitwert
- B_C kapazitiver Blindleitwert
- φ Phasenverschiebungswinkel

$G = Y \cdot \cos\varphi$

$B_C = Y \cdot \sin\varphi$

$R = \dfrac{Z}{\cos\varphi}$

$Z = \dfrac{U}{I}$

$I = \sqrt{I_w^2 + I_{bC}^2}$

$I_w = I \cdot \cos\varphi$

$I_{bC} = I \cdot \sin\varphi$

$Y = \sqrt{G^2 + B_C^2}$

$Z = \dfrac{1}{\sqrt{\dfrac{1}{R^2} + \dfrac{1}{X_C^2}}}$

$X_C = \dfrac{Z}{\sin\varphi}$

Reihenschaltung von Wirkwiderstand, Induktivität und Kapazität

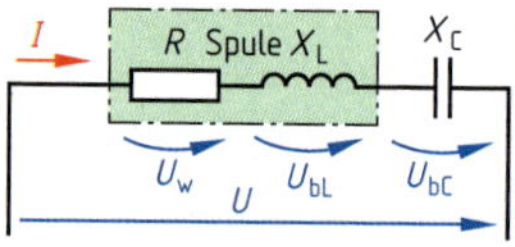

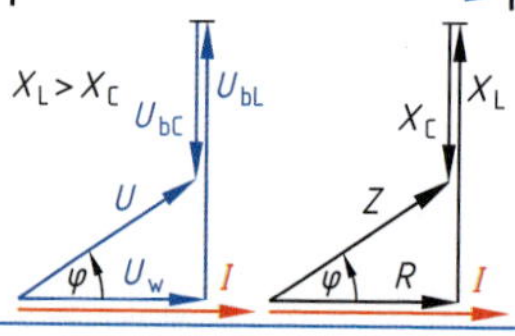

- U Gesamtspannung
- U_w Wirkspannung
- U_{bL} induktive Blindspannung
- U_{bC} kapazitive Blindspannung
- R Wirkwiderstand
- X_L induktiver Blindwiderstand
- X_C kapazitiver Blindwiderstand
- X Resultierender Blindwiderstand
- Z Scheinwiderstand
- φ Phasenverschiebungswinkel

$U_b = U_{bL} - U_{bC}$

$X = X_L - X_C$

$Z = \dfrac{U}{I}$

$U = \sqrt{U_w^2 + (U_{bL} - U_{bC})^2}$

$U_w = U \cdot \cos\varphi$

$U_b = U \cdot \sin\varphi$

$Z = \sqrt{R^2 + (X_L - X_C)^2}$

$R = Z \cdot \cos\varphi$

$X = Z \cdot \sin\varphi$

Parallelschaltung von Wirkwiderstand, Induktivität und Kapazität

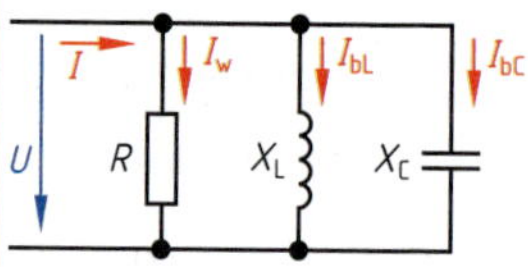

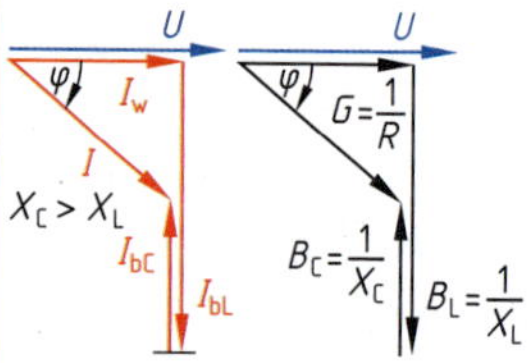

- I Gesamtstrom
- I_w Wirkstrom
- I_{bL} induktiver Blindstrom
- I_{bC} kapazitiver Blindstrom
- I_b resultierender Blindstrom
- U Spannung
- R Wirkwiderstand
- X_L induktiver Blindwiderstand
- X_C kapazitiver Blindwiderstand
- Z Scheinwiderstand
- φ Phasenverschiebungswinkel
- G Wirkleitwert
- Y Scheinleitwert
- B_L induktiver Blindleitwert
- B_C kapazitiver Blindleitwert
- B resultierender Blindleitwert

$I_b = I_{bL} - I_{bC}$

$B = B_L - B_C$

$G = Y \cdot \cos\varphi$

$Z = \dfrac{U}{I}$

$I = \sqrt{I_w^2 + (I_{bL} - I_{bC})^2}$

$I_w = I \cdot \cos\varphi$

$I_b = I \cdot \sin\varphi$

$Y = \sqrt{G^2 + (B_L - B_C)^2}$

$B = Y \cdot \sin\varphi$

$Z = \dfrac{1}{\sqrt{\dfrac{1}{R^2} + \left(\dfrac{1}{X_L} - \dfrac{1}{X_C}\right)^2}}$

9.3 Ohmsches Gesetz für den Wechselstromkreis

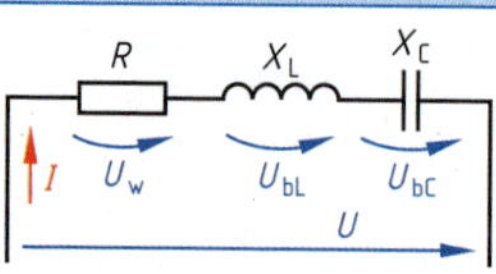

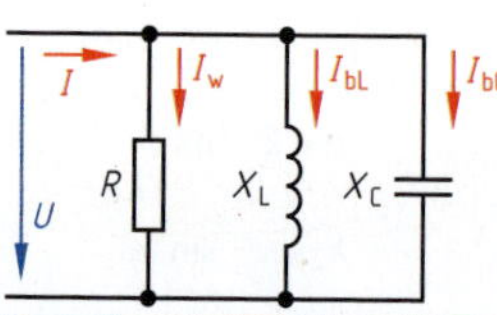

- R Wirkwiderstand
- X_L induktiver Blindwiderstand
- X_C kapazitiver Blindwiderstand
- Z Scheinwiderstand
- U Gesamtspannung
- U_w Wirkspannung
- U_{bL} induktive Blindspannung
- U_{bC} kapazitive Blindspannung
- I Gesamtstrom
- I_w Wirkstrom
- I_{bL} induktiver Blindstrom
- I_{bC} kapazitiver Blindstrom

Für Reihenschaltung:

$I = \dfrac{U}{\sqrt{R^2 + (X_L - X_C)^2}}$

$U = I \cdot Z$

$U_w = I \cdot R$

$U_{bL} = I \cdot X_L$

$U_{bC} = I \cdot X_C$

Für Parallelschaltung:

$I = U\sqrt{\dfrac{1}{R^2} + \left(\dfrac{1}{X_L} - \dfrac{1}{X_C}\right)^2}$

$I_w = \dfrac{U}{R}$

$I_{bL} = \dfrac{U}{X_L}$

$I_{bC} = \dfrac{U}{X_C}$

$I = \dfrac{U}{Z}$

9.4 Resonanz (Parallel- und Reihenschwingkreis)

Reihenschwingkreis

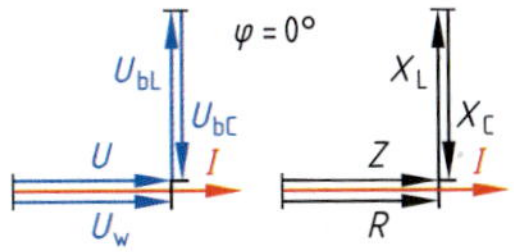

Parallelschwingkreis

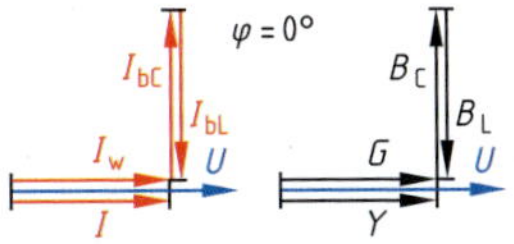

f_r	Resonanzfrequenz
ω_r	Resonanzkreisfrequenz
L	Induktivität
C	Kapazität
X_L	induktiver Blindwiderstand
X_C	kapazitiver Blindwiderstand
R	Wirkwiderstand
Q	Gütefaktor
d	Verlustfaktor
I_{bL}	induktiver Blindstrom
I_{bC}	kapazitiver Blindstrom
I	Gesamtstrom
U_{bL}	induktive Blindspannung
U_{bC}	kapazitive Blindspannung
U	Gesamtspannung
b	Bandbreite

Bei Resonanz:

$$X_L = X_C$$

$$[f_r] = \frac{1}{s}$$

$$d = \frac{1}{Q}$$

$$b = \frac{f_r}{Q}$$

$$\omega_r \cdot L = \frac{1}{\omega_r \cdot C}$$

$$\omega_r = \frac{1}{\sqrt{L \cdot C}}$$

$$f_r = \frac{1}{2 \cdot \pi \cdot \sqrt{L \cdot C}}$$

Parallelresonanz:

$$Q = \frac{I_{bL}}{I} = \frac{I_{bC}}{I} = \frac{R}{\omega_r \cdot L}$$

Reihenresonanz:

$$Q = \frac{U_{bL}}{U} = \frac{U_{bC}}{U} = \frac{\omega_r \cdot L}{R}$$

9.5 Leistung bei Wechselstrom

Beispiele:

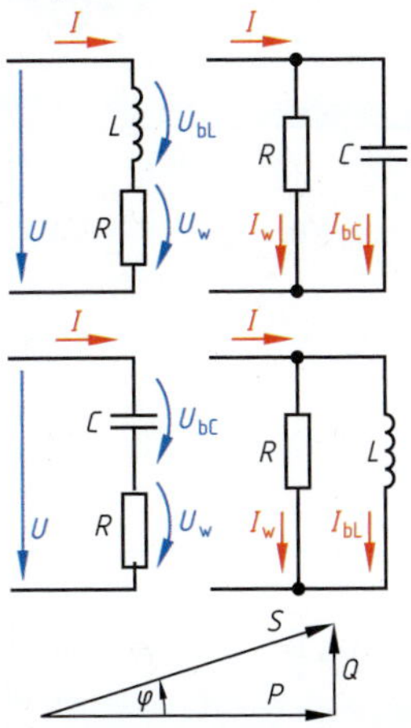

S	Scheinleistung
P	Wirkleistung
Q_C	kapazitive Blindleistung
Q_L	induktive Blindleistung
φ	Phasenverschiebungswinkel
$\cos\varphi$	Wirkfaktor
$\sin\varphi$	Blindfaktor
U	Gesamtspannung
U_w	Wirkspannung
U_{bL}	induktive Blindspannung
U_{bC}	kapazitive Blindspannung
I	Gesamtstrom
I_{bL}	induktiver Blindstrom
I_{bC}	kapazitiver Blindstrom
X_L	induktiver Blindwiderstand
X_C	kapazitiver Blindwiderstand

$[S] = \text{V} \cdot \text{A} = \text{VA}$

$[P] = \text{V} \cdot \text{A} = \text{W}$

$[Q_L] = \text{var}$

$[Q_C] = \text{var}$

$$S = U \cdot I$$
$$S = \sqrt{P^2 + Q_C^2}$$
$$S = \sqrt{P^2 + Q_L^2}$$

$$P = S \cdot \cos\varphi$$
$$P = U \cdot I \cdot \cos\varphi$$

$$Q_L = S \cdot \sin\varphi$$
$$Q_C = S \cdot \sin\varphi$$

$$Q_L = \frac{U_{bL}^2}{X_L}; \quad Q_C = \frac{U_{bC}^2}{X_C}$$

$$Q_L = I_{bL}^2 \cdot X_L; \quad Q_C = I_{bC}^2 \cdot X_C$$

$$\cos\varphi = \frac{P}{S} \qquad \sin\varphi = \frac{Q_L}{S}$$

Leistung von Wechselstrommotoren: Seite 33

9.6 Kompensation der Blindleistung

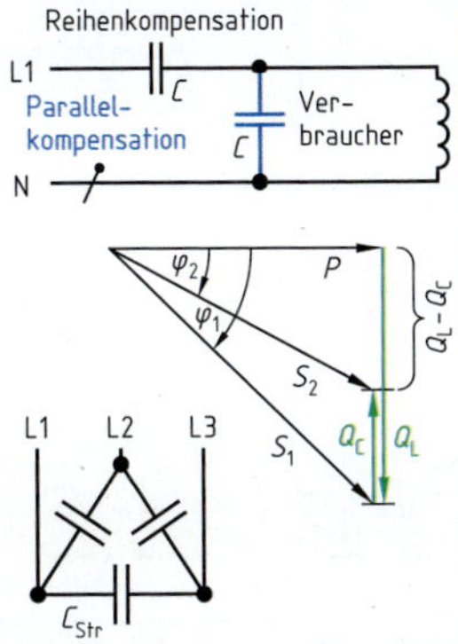

P	Wirkleistung
Q_C	kapazitive Blindleistung
φ_1	Phasenverschiebungswinkel, vor der Kompensation
φ_2	Phasenverschiebungswinkel, nach der Kompensation
C	Kompensationskapazität
C_{Str}	Strangkapazität
f	Frequenz
U	Spannung
I_{bC}	kapazitiver Blindstrom
I	Strom
X_C	kapazitiver Blindwiderstand

Bei Wechsel- und Drehstrom:

$$Q_C = P(\tan\varphi_1 - \tan\varphi_2)$$

$$Q_C = U \cdot I_{bC} = \frac{U^2}{X_C} = I_{bC}^2 \cdot X_C$$

Parallelkompensation: $C = \frac{Q_C}{2 \cdot \pi \cdot f \cdot U^2}$

Reihenkompensation: $C = \frac{I^2}{2 \cdot \pi \cdot f \cdot Q_C}$

Bei Drehstrom je Strang in Δ: $C_{Str} = \frac{C}{3}$

9.7 Sinus- und nichtsinusförmige Spannungen*

Spannungsform	Formelzeichen	Effektivwert	arithm. Mittelwert	Crestfaktor
Sinusspannung 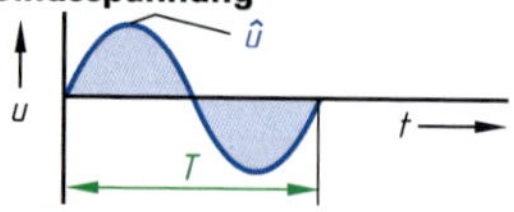	U Effektivwert $\hat{u}$ Scheitelwert $\bar{u}$ arithmetischer Mittelwert F_C Crestfaktor	$U = \frac{\hat{u}}{\sqrt{2}}$	$\bar{u} = 0$	$F_C = \sqrt{2}$
Rechteckwechselspannung 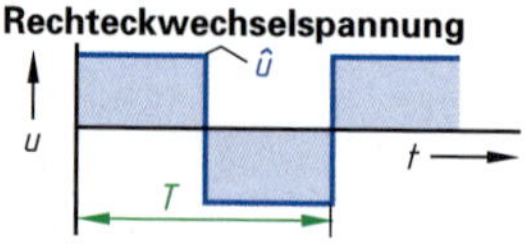	U Effektivwert $\hat{u}$ Scheitelwert $\bar{u}$ arithmetischer Mittelwert F_C Crestfaktor	$U = \hat{u}$	$\bar{u} = 0$	$F_C = 1$
Rechteckimpuls (1) 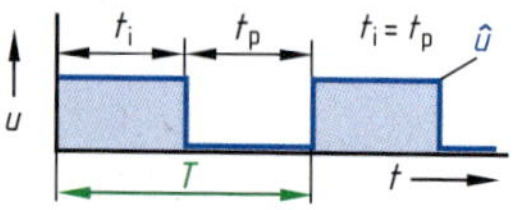	U Effektivwert $\hat{u}$ Scheitelwert $\bar{u}$ arithmetischer Mittelwert F_C Crestfaktor t_i Impulsdauer t_p Pausendauer	$U = \frac{\hat{u}}{\sqrt{2}}$	$\bar{u} = \frac{\hat{u}}{2}$	$F_C = \sqrt{2}$
Rechteckimpuls (2) 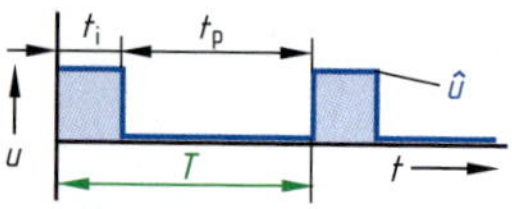	U Effektivwert $\hat{u}$ Scheitelwert $\bar{u}$ arithmetischer Mittelwert F_C Crestfaktor t_i Impulsdauer t_p Pausendauer	$U = \sqrt{\frac{t_i}{T}} \cdot \hat{u}$	$\bar{u} = \frac{t_i \cdot \hat{u}}{T}$	$F_C = \sqrt{\frac{T}{t_i}}$
Dreieckspannung 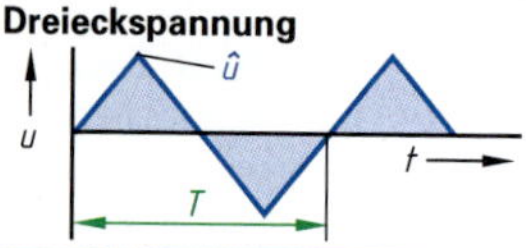	U Effektivwert $\hat{u}$ Scheitelwert $\bar{u}$ arithmetischer Mittelwert F_C Crestfaktor	$U = \frac{\hat{u}}{\sqrt{3}}$	$\bar{u} = 0$	$F_C = \sqrt{3}$
Sägezahnspannung 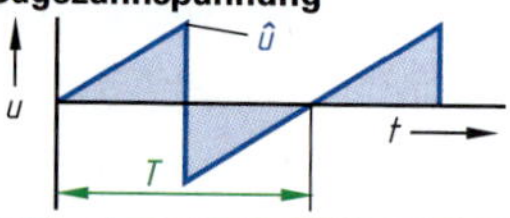	U Effektivwert $\hat{u}$ Scheitelwert $\bar{u}$ arithmetischer Mittelwert F_C Crestfaktor	$U = \frac{\hat{u}}{\sqrt{3}}$	$\bar{u} = 0$	$F_C = \sqrt{3}$
Dreieckimpuls 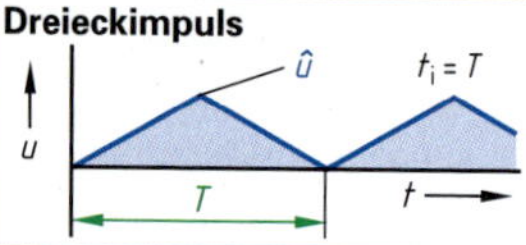	U Effektivwert $\hat{u}$ Scheitelwert $\bar{u}$ arithmetischer Mittelwert F_C Crestfaktor	$U = \frac{\hat{u}}{\sqrt{3}}$	$\bar{u} = \frac{\hat{u}}{2}$	$F_C = \sqrt{3}$
Sägezahnimpuls 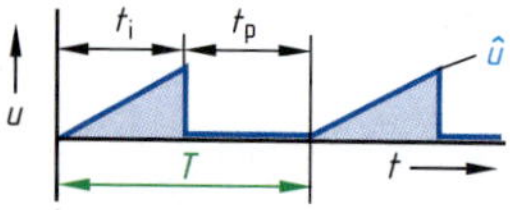	U Effektivwert $\hat{u}$ Scheitelwert $\bar{u}$ arithmetischer Mittelwert F_C Crestfaktor t_i Impulsdauer t_p Pausendauer	$U = \sqrt{\frac{t_i}{3 \cdot T}} \cdot \hat{u}$	$\bar{u} = \frac{t_i \cdot \hat{u}}{2 \cdot T}$	$F_C = \sqrt{\frac{3 \cdot T}{t_i}}$
Gleichspannung, pulsierend (1) 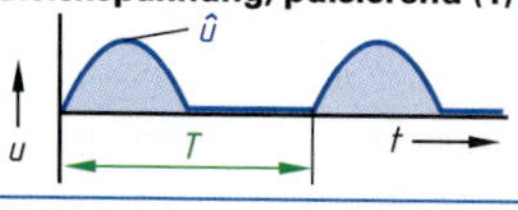	U Effektivwert $\hat{u}$ Scheitelwert $\bar{u}$ arithmetischer Mittelwert F_C Crestfaktor	$U = \frac{\hat{u}}{2}$	$\bar{u} = \frac{\hat{u}}{\pi}$	$F_C = 2$
Gleichspannung, pulsierend (2) 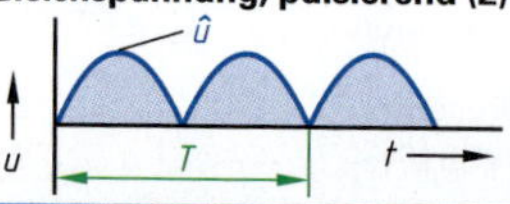	U Effektivwert $\hat{u}$ Scheitelwert $\bar{u}$ arithmetischer Mittelwert F_C Crestfaktor	$U = \frac{\hat{u}}{\sqrt{2}}$	$\bar{u} = \frac{2 \cdot \hat{u}}{\pi}$	$F_C = \sqrt{2}$

* Nichtsinusförmige Spannungen bei Wechselstromstellern (Phasenanschnittsteuerungen): Seite 56

9.8 Hoch- und Tiefpässe

RC-Hochpass

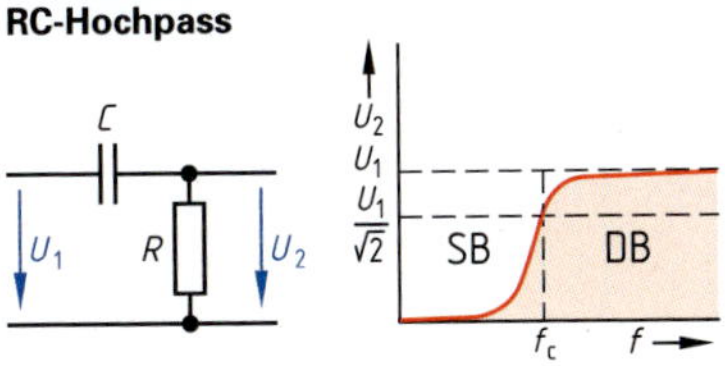

U_1 Eingangsspannung
U_2 Ausgangsspannung
R Widerstand
C Kapazität
f_c Grenzfrequenz
ω Kreisfrequenz
SB Sperrbereich
DB Durchlassbereich

$$\frac{U_2}{U_1} = \frac{R}{\sqrt{R^2 + \left(\frac{1}{\omega \cdot C}\right)^2}}$$

$$f_c = \frac{1}{2 \cdot \pi \cdot R \cdot C}$$

RL-Hochpass

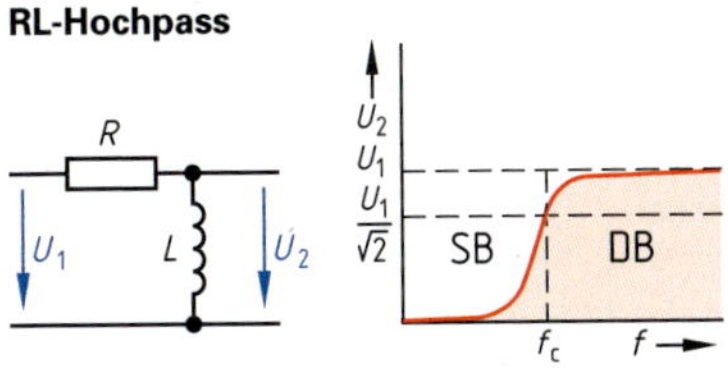

U_1 Eingangsspannung
U_2 Ausgangsspannung
R Widerstand
L Induktivität
f_c Grenzfrequenz
ω Kreisfrequenz
SB Sperrbereich
DB Durchlassbereich

$$\frac{U_2}{U_1} = \frac{1}{\sqrt{\left(\frac{R}{\omega \cdot L}\right)^2 + 1}}$$

$$f_c = \frac{R}{2 \cdot \pi \cdot L}$$

CL-Hochpass

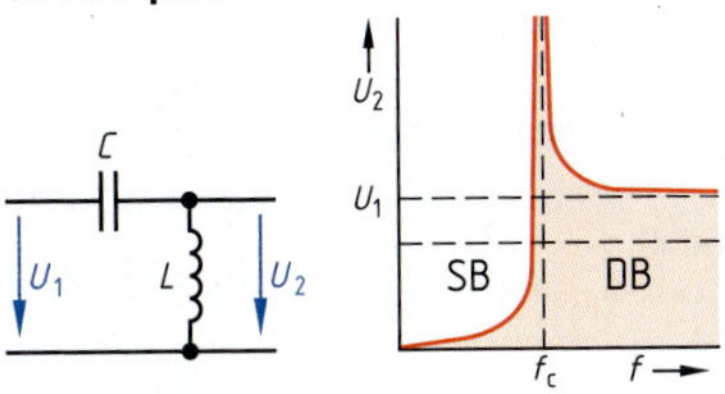

U_1 Eingangsspannung
U_2 Ausgangsspannung
C Kapazität
L Induktivität
f_c Grenzfrequenz
ω Kreisfrequenz
SB Sperrbereich
DB Durchlassbereich

$$f_c = \frac{1}{2 \cdot \pi \cdot \sqrt{L \cdot C}}$$

Für $X_L > X_C$:

$$\frac{U_2}{U_1} = \frac{1}{1 - \frac{1}{\omega^2 \cdot L \cdot C}}$$

Für $X_L < X_C$:

$$\frac{U_2}{U_1} = \frac{1}{\frac{1}{\omega^2 \cdot L \cdot C} - 1}$$

RC-Tiefpass

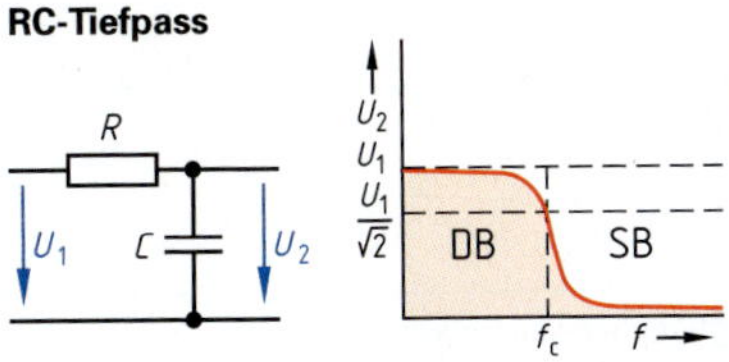

U_1 Eingangsspannung
U_2 Ausgangsspannung
R Widerstand
C Kapazität
f_c Grenzfrequenz
ω Kreisfrequenz
SB Sperrbereich
DB Durchlassbereich

$$\frac{U_2}{U_1} = \frac{1}{\sqrt{1 + (\omega \cdot R \cdot C)^2}}$$

$$f_c = \frac{1}{2 \cdot \pi \cdot R \cdot C}$$

RL-Tiefpass

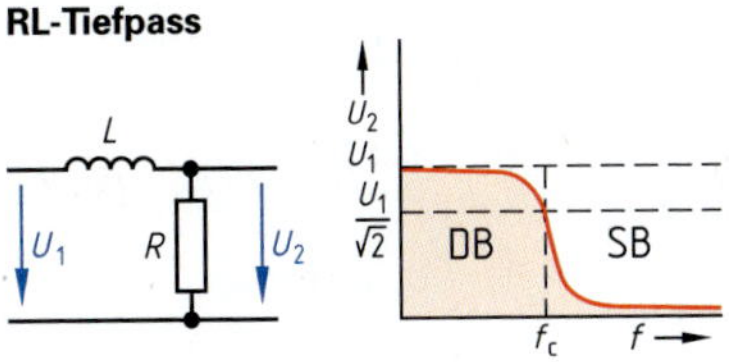

U_1 Eingangsspannung
U_2 Ausgangsspannung
R Widerstand
L Induktivität
f_c Grenzfrequenz
ω Kreisfrequenz
SB Sperrbereich
DB Durchlassbereich

$$\frac{U_2}{U_1} = \frac{1}{\sqrt{1 + \left(\frac{\omega \cdot L}{R}\right)^2}}$$

$$f_c = \frac{R}{2 \cdot \pi \cdot L}$$

LC-Tiefpass

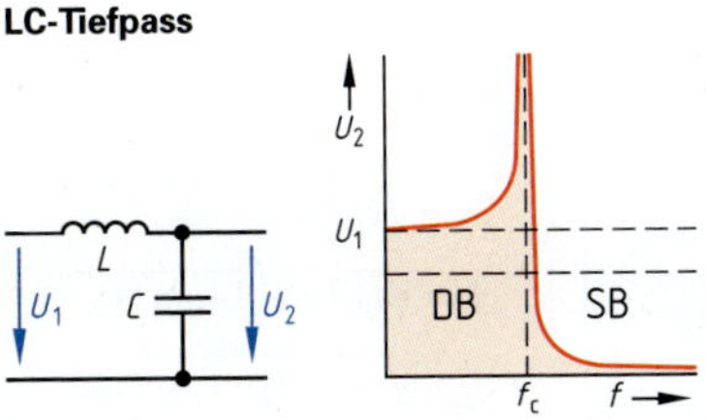

U_1 Eingangsspannung
U_2 Ausgangsspannung
C Kapazität
L Induktivität
f_c Grenzfrequenz
ω Kreisfrequenz
SB Sperrbereich
DB Durchlassbereich

$$f_c = \frac{1}{2 \cdot \pi \cdot \sqrt{L \cdot C}}$$

Für $X_L > X_C$:

$$\frac{U_2}{U_1} = \frac{1}{\omega^2 \cdot L \cdot C - 1}$$

Für $X_L < X_C$:

$$\frac{U_2}{U_1} = \frac{1}{1 - \omega^2 \cdot L \cdot C}$$

9.9 Dreiphasenwechselstrom (Drehstrom)

Sternschaltung

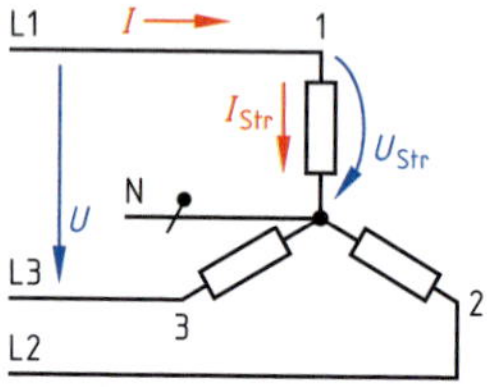

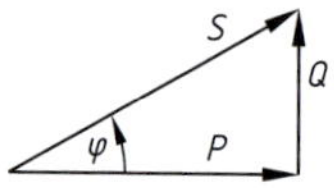

U	Leiterspannung
U_{Str}	Strangspannung
I	Leiterstrom
I_{Str}	Strangstrom
S_{Str}	Strangscheinleistung $S_{Str} = U_{Str} \cdot I_{Str}$
S	gesamte Scheinleistung $[S] = \mathrm{V \cdot A = VA}$
Σ	Sigma (Zeichen für Summe)
P	gesamte Wirkleistung $[P] = \mathrm{V \cdot A = W}$
Q	gesamte Blindleistung $[Q] = \mathrm{V \cdot A = var}$
φ	Phasenverschiebungswinkel
$\cos\varphi$	Wirkfaktor
$\sin\varphi$	Blindfaktor

$$I = I_{Str} \qquad U = \sqrt{3} \cdot U_{Str}$$

Für unsymmetrische Belastung:

$$S = \sqrt{(\Sigma P)^2 + (\Sigma Q)^2}$$

Für symmetrische Belastung:

$$S = 3 \cdot S_{Str}; \qquad S_{Str} = \frac{U}{\sqrt{3}} \cdot I$$

$$S = \sqrt{3} \cdot U \cdot I; \qquad S = \sqrt{P^2 + Q^2}$$

$$P = S \cdot \cos\varphi \qquad Q = S \cdot \sin\varphi$$

Dreieckschaltung

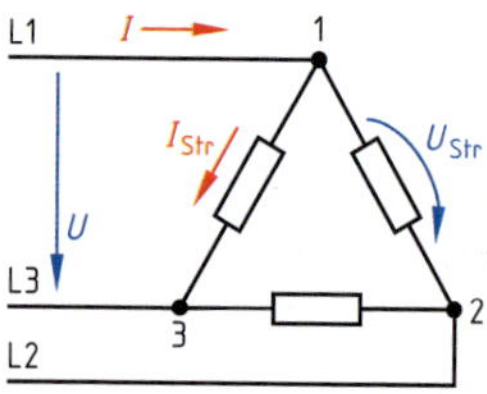

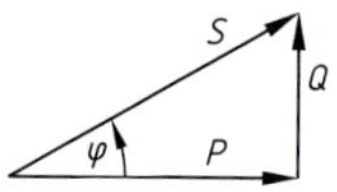

U	Leiterspannung
U_{Str}	Strangspannung
I	Leiterstrom
I_{Str}	Strangstrom
S_{Str}	Strangscheinleistung $S_{Str} = U_{Str} \cdot I_{Str}$
S	gesamte Scheinleistung $[S] = \mathrm{V \cdot A = VA}$
Σ	Sigma (Zeichen für Summe)
P	gesamte Wirkleistung $[P] = \mathrm{V \cdot A = W}$
Q	gesamte Blindleistung $[Q] = \mathrm{V \cdot A = var}$
φ	Phasenverschiebungswinkel
$\cos\varphi$	Wirkfaktor
$\sin\varphi$	Blindfaktor

$$U = U_{Str} \qquad I = \sqrt{3} \cdot I_{Str}$$

Für unsymmetrische Belastung:

$$S = \sqrt{(\Sigma P)^2 + (\Sigma Q)^2}$$

Für symmetrische Belastung:

$$S = 3 \cdot S_{Str} \qquad S_{Str} = U \cdot \frac{I}{\sqrt{3}}$$

$$S = \sqrt{3} \cdot U \cdot I \qquad S = \sqrt{P^2 + Q^2}$$

$$P = S \cdot \cos\varphi \qquad Q = S \cdot \sin\varphi$$

Leistungsaufnahme von Verbrauchern in Stern- bzw. Dreieckschaltung an gleicher Netzspannung

S_Y	gesamte Scheinleistung bei Sternschaltung
S_Δ	gesamte Scheinleistung bei Dreieckschaltung

$$\frac{S_Y}{S_\Delta} = \frac{1}{3}$$

Strom im Neutralleiter (Sternschaltung) bei unsymmetrischer, gleichartiger Belastung

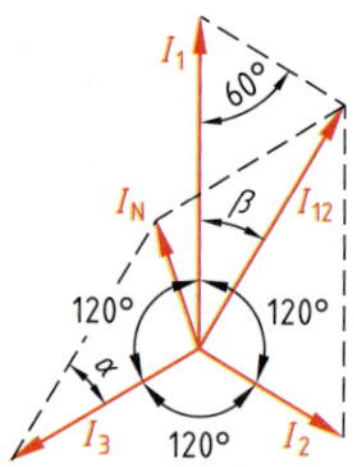

I_1, I_2, I_3	Leiterströme
I_{12}	resultierender Strom aus I_1 und I_2
I_N	Strom im Neutralleiter
β	Phasenverschiebungswinkel zwischen I_1 und I_{12}
α	Phasenverschiebungswinkel zwischen I_{12} und I_3

$$I_{12} = \sqrt{I_1^2 + I_2^2 - I_1 \cdot I_2}$$

$$\cos\beta = \frac{2 \cdot I_1 - I_2}{2 \cdot I_{12}}$$

$$\alpha = 60° - \beta$$

$$I_N = \sqrt{I_1^2 + I_2^2 + I_3^2 - I_1 \cdot I_2 - 2 \cdot I_3 \cdot I_{12} \cdot \cos\alpha}$$

Leiterströme bei Dreieckschaltung und unsymmetrischer, gleichartiger Belastung

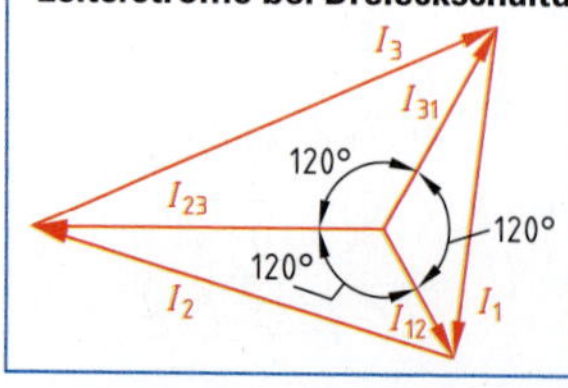

I_1, I_2, I_3	Leiterströme
I_{12}, I_{23}, I_{31}	Strangströme

$$I_1 = \sqrt{I_{12}^2 + I_{31}^2 + I_{12} \cdot I_{31}}$$

$$I_2 = \sqrt{I_{23}^2 + I_{12}^2 + I_{23} \cdot I_{12}}$$

$$I_3 = \sqrt{I_{31}^2 + I_{23}^2 + I_{31} \cdot I_{23}}$$

10 Elektrische Maschinen

10.1 Transformator

Übersetzungsverhältnis

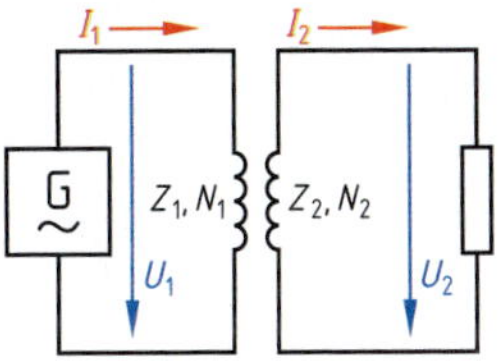

- U_1 Eingangsspannung
- U_2 Ausgangsspannung
- N_1 Windungszahl der Eingangswicklung
- N_2 Windungszahl der Ausgangswicklung
- I_1 Eingangsstrom
- I_2 Ausgangsstrom
- Z_1 Eingangsscheinwiderstand
- Z_2 Ausgangsscheinwiderstand
- $ü$ Übersetzungsverhältnis

$$\frac{U_1}{U_2} = \frac{N_1}{N_2}$$

$$\frac{I_1}{I_2} = \frac{N_2}{N_1}$$

$$ü = \frac{U_1}{U_2} = \frac{I_2}{I_1} = \frac{N_1}{N_2}$$

$$\frac{N_1}{N_2} = \sqrt{\frac{Z_1}{Z_2}}$$

Transformator-Hauptgleichung

- U_0 Leerlaufspannung
- $\hat{B}$ magnetische Flussdichte (Scheitelwert)
- A_{Fe} Eisenquerschnitt
- A_k Kernquerschnitt
- N Windungszahl
- f Frequenz
- f_{Fe} Eisenfüllfaktor

$$U_0 = 4{,}44 \cdot \hat{B} \cdot A_{Fe} \cdot f \cdot N$$

$$A_{Fe} = A_k \cdot f_{Fe}$$

Kurzschlussspannung, Dauerkurzschlussstrom und Stoßkurzschlussstrom

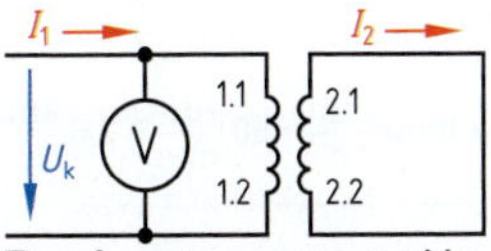

Transformator ausgangsseitig im Kurzschluss

- u_k relative Kurzschlussspannung in %
- U_k absolute Kurzschlussspannung
- U_{1N} Transformator-Bemessungspannung
- I_N Bemessungsstrom
- I_{kd} Dauerkurzschlussstrom
- i_s Stoßkurzschlussstrom

$$u_k = \frac{U_k}{U_{1N}} \cdot 100\ \%$$

$$I_{kd} = \frac{I_N}{u_k} \cdot 100\ \%$$

$$i_s \leq 2{,}55 \cdot I_{kd}$$

Bemessungsscheinleistung

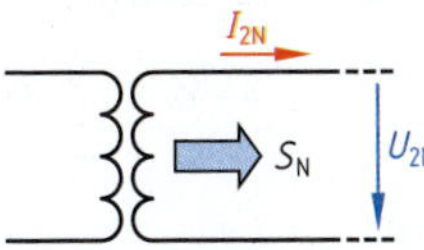

- S_N Bemessungsscheinleistung
- U_{2N} Bemessungsspannung der Ausgangsseite
- I_{2N} Bemessungsstrom der Ausgangsseite

Bei Einphasenwechselstrom:

$$S_N = U_{2N} \cdot I_{2N}$$

Bei Drehstrom:

$$S_N = \sqrt{3} \cdot U_{2N} \cdot I_{2N}$$

Spartransformator

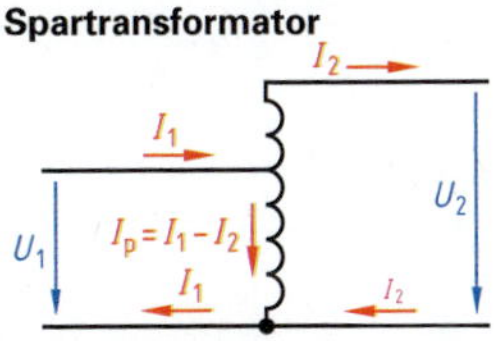

- S_B Bauleistung
- S_D Durchgangsleistung
- U_1 Eingangsspannung
- U_2 Ausgangsspannung
- I_1 Eingangsstrom
- I_2 Ausgangsstrom
- N_1, N_2 Windungszahlen

$U_1 > U_2$: $$S_B = S_D \cdot \frac{U_1 - U_2}{U_1}$$

$U_2 > U_1$: $$S_B = S_D \cdot \frac{U_2 - U_1}{U_2}$$

$$S_D = U_2 \cdot I_2 \qquad \frac{U_1}{U_2} = \frac{N_1}{N_2}$$

Lastverteilung bei Parallelbetrieb von Transformatoren

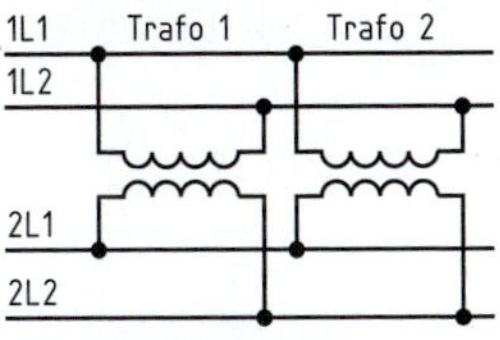

- $S_1, S_2, \ldots$ Einzelbelastungen
- $S_{N1}, S_{N2}, \ldots$ Bemessungsleistungen
- ΣS_N Summe der Bemessungsleistungen
- ΣS Gesamtlast
- u_k resultierende relative Kurzschlussspannung
- $u_{k1}, u_{k2}, \ldots$ Kurzschlussspannungen

$$u_k = \frac{\Sigma S_N}{\frac{S_{N1}}{u_{k1}} + \frac{S_{N2}}{u_{k2}} + \ldots}$$

$$S_1 = S_{N1} \cdot \frac{u_k}{u_{k1}} \cdot \frac{\Sigma S}{\Sigma S_N}$$

entsprechend für $S_2 = \ldots$; $S_3 = \ldots$

Wirkungsgrad

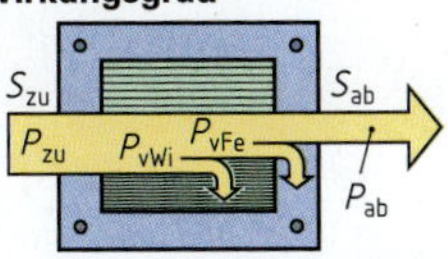

- η Wirkungsgrad
- P_{zu} zugeführte Wirkleistung
- P_{ab} abgegebene Wirkleistung
- P_{vFE} Eisenverlustleistung
- P_{vWi} Wicklungsverlustleistung
- S_{ab} abgegebene Scheinleistung
- $\cos\varphi_2$ Wirkfaktor der Ausgangsseite

$$\eta = \frac{P_{ab}}{P_{zu}} = \frac{P_{ab}}{P_{ab} + P_{vFE} + P_{vWi}}$$

$$\eta = \frac{S_{ab} \cdot \cos\varphi_2}{S_{ab} \cdot \cos\varphi_2 + P_{vFE} + P_{vWi}}$$

Übersetzungsverhältnisse für Drehstromtransformatoren

Bevorzugt eingesetzte Verteilertransformatoren im Niederspannungsnetz:

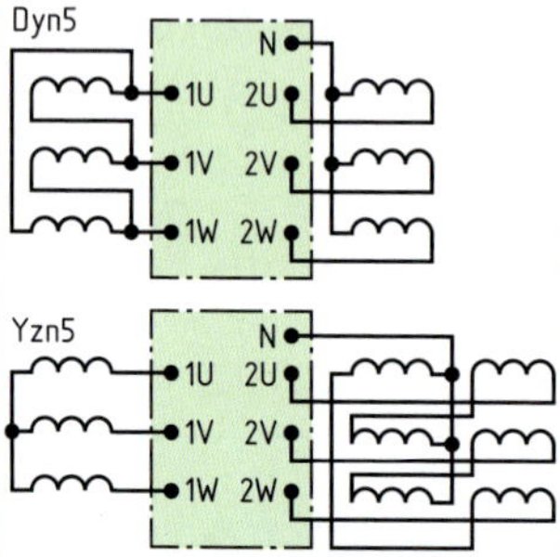

U_1 Leiterspannung der Eingangsseite
U_2 Leiterspannung der Ausgangsseite
N_1 Windungszahl der Eingangswicklung
N_2 Windungszahl der Ausgangswicklung

Schaltgruppe	Übersetzungsverhältnis
Yyn0, Yyn6, Ddn0, Ddn6	$\frac{U_1}{U_2} = \frac{N_1}{N_2}$
Dyn5, Dyn11	$\frac{U_1}{U_2} = \frac{N_1}{\sqrt{3} \cdot N_2}$
Ydn5, Ydn11	$\frac{U_1}{U_2} = \frac{\sqrt{3} \cdot N_1}{N_2}$
Yzn5, Yzn11	$\frac{U_1}{U_2} = \frac{2 \cdot N_1}{\sqrt{3} \cdot N_2}$
Dzn0, Dzn6	$\frac{U_1}{U_2} = \frac{2 \cdot N_1}{3 \cdot N_2}$

10.2 Antriebstechnik

10.2.1 Bewegungen

Gleichförmige Bewegung

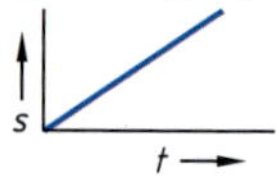

v Geschwindigkeit
s Weg, Weglänge
t Zeit, Dauer

$[v] = \frac{m}{s}$

$v = \frac{s}{t}$

$1\,\frac{m}{s} = 1000\,\frac{mm}{s} = 60\,\frac{m}{min} = 3{,}6\,\frac{km}{h}$

Gleichmäßig beschleunigte Bewegung

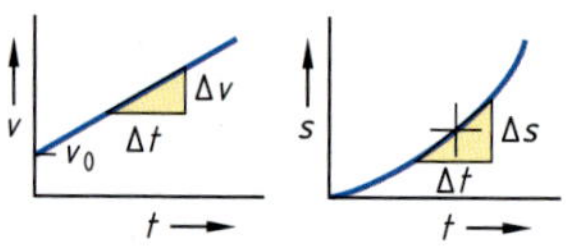

a Beschleunigung
Δv Geschwindigkeitsänderung
Δt Zeitdifferenz
$\Delta v / \Delta t$ Steigung der $v(t)$-Kurve
v erreichte Geschwindigkeit
Δs Wegdifferenz
$\Delta s / \Delta t$ Steigung der $s(t)$-Kurve
v_0 Anfangsgeschwindigkeit
t Zeit, Dauer
s Weg, Weglänge
g Fallbeschleunigung ($g = 9{,}81\ m/s^2$)
h Fallhöhe

$a = \frac{\Delta v}{\Delta t}$

$v = v_0 + a \cdot t$

$v = \frac{\Delta s}{\Delta t}$

$s = v_0 \cdot t + \frac{a}{2} \cdot t^2$

Freier Fall:

$v = g \cdot t$

$h = \frac{g}{2} \cdot t^2$

$[g] = [a] = \frac{m}{s^2}$

Gleichmäßig verzögerte Bewegung

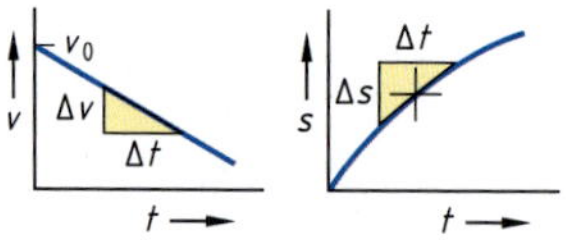

v Geschwindigkeit nach der Verzögerung
v_0 Anfangsgeschwindigkeit
a Verzögerung (= neg. Beschleunigung, in den Formeln Betrag einsetzen)
s_b Bremsweg

$a = \frac{\Delta v}{\Delta t}$

$v = v_0 - a \cdot t$

$v = \frac{\Delta s}{\Delta t}$

$s = v_0 \cdot t - \frac{a}{2} \cdot t^2$

Bremsweg: $s_b = \frac{v_0^2}{2a}$

Kreisförmige Bewegung

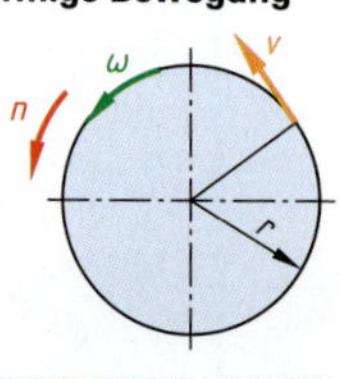

n Drehzahl, Umdrehungsfrequenz
ω Winkelgeschwindigkeit, Drehgeschwindigkeit
r Bahnradius
d Bahndurchmesser
v Umfangsgeschwindigkeit
T Umlaufdauer

$\omega = 2 \cdot \pi \cdot n$

$n = \frac{1}{T}$

$v = 2 \cdot \pi \cdot n \cdot r$
$v = \pi \cdot n \cdot d$
$v = \omega \cdot r$

$[n] = s^{-1} = \frac{1}{s}$ $[\omega] = rad \cdot s^{-1} = s^{-1}$

10.2.2 Mechanische Arbeit, mechanische Energie

Arbeit entlang eines Weges

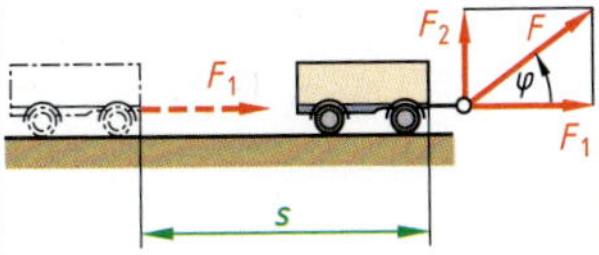

- W Arbeit
- F_1 Kraft in Wegrichtung
- F Kraft
- s Weg
- φ Winkel zwischen Kraft und Weg

$[W]$ = Nm

1 Nm = 1 Ws = 1 J

$$W = F_1 \cdot s$$
$$F_1 = F \cdot \cos\varphi$$
$$W = F \cdot s \cdot \cos\varphi$$

Hubarbeit, potentielle Energie

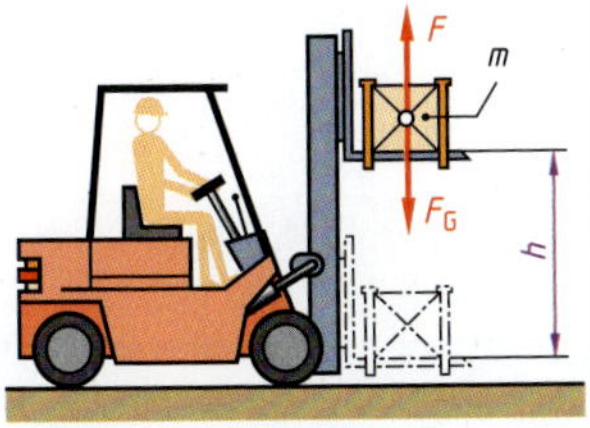

- F Hubkraft
- F_G Gewichtskraft
- m gehobene Masse
- g Fallbeschleunigung ($g = 9{,}81\ \text{m/s}^2$)
- h Hubhöhe
- W_h Hubarbeit
- W_p potentielle Energie, Energie der Lage

$F = F_G$

$W_p = W_h$

$[W] = \frac{\text{kg} \cdot \text{m}^2}{\text{s}^2} = \text{Nm} = \text{J}$

$$F_G = m \cdot g$$
$$W_h = F_G \cdot h$$
$$W_p = m \cdot g \cdot h$$

Beschleunigungsarbeit, kinetische Energie

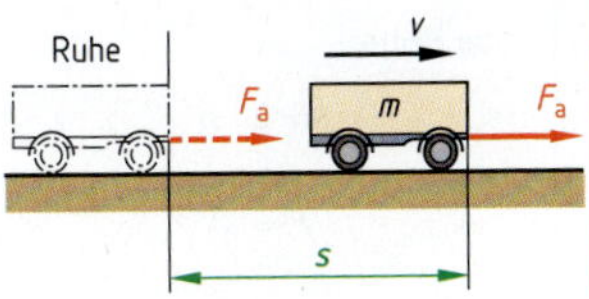

- F_a beschleunigende Kraft
- m beschleunigte Masse
- s Weg
- a Beschleunigung
- v erreichte Geschwindigkeit
- W_a Beschleunigungsarbeit
- W_k kinetische Energie, Bewegungsenergie

$W_k = W_a$

$$F_a = m \cdot a$$
$$W_a = F_a \cdot s$$
$$W_a = m \cdot a \cdot s$$
$$W_k = \frac{m}{2} \cdot v^2$$

Verformungsarbeit

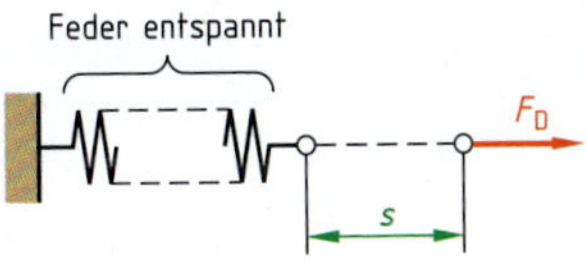

- F_D verformende Kraft
- s Verlängerung, Verkürzung
- D Richtgröße der Feder
- W_D Verformungsarbeit,
- W_p Verformungsenergie, potentielle Energie

$[D] = \frac{\text{N}}{\text{m}}$

$W_p = W_D$

$$F_D = D \cdot s$$
$$W_D = \frac{F_D}{2} \cdot s$$
$$W_p = \frac{D}{2} \cdot s^2$$

Reibungsarbeit

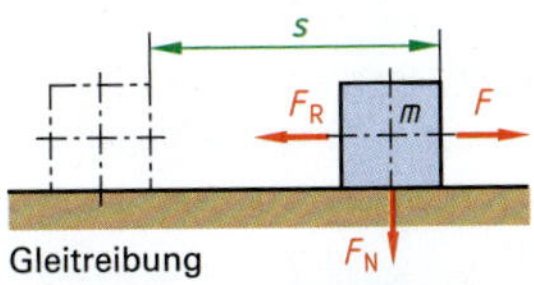

Gleitreibung

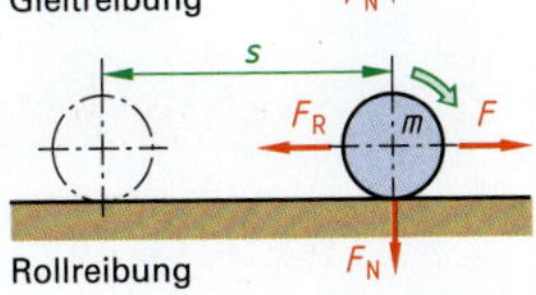

Rollreibung

- F Antriebskraft
- F_R Reibungskraft
- F_N Normalkraft
- μ Reibungszahl
- s Weg
- W_R Reibungsarbeit
- F_G Gewichtskraft
- m Masse
- g Fallbeschleunigung ($g = 9{,}81\ \text{m/s}^2$)

$F = F_R$

$F_N = F_G$

$$F_R = F_N \cdot \mu$$
$$W_R = F_R \cdot s$$
$$W_R = \mu \cdot F_N \cdot s$$
$$W_R = \mu \cdot m \cdot g \cdot s$$

10.2.3 Riementrieb, Zahnradtrieb, Schneckentrieb

Riementrieb

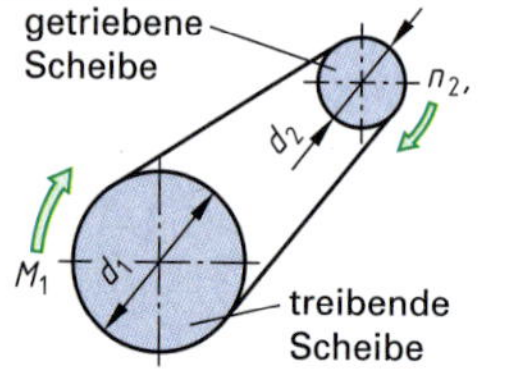

Zahnradtrieb **Schneckentrieb**

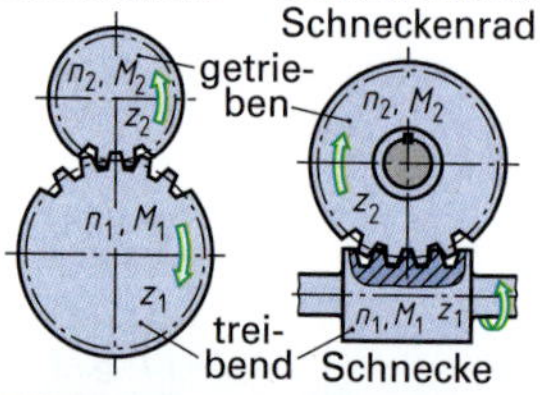

d_1 Durchmesser der treibenden Scheibe
d_2 Durchmesser der getriebenen Scheibe
z_1 Zähnezahl des treibenden Rades
z_2 Zähnezahl des getriebenen Rades
n_1 treibende Drehzahl
n_2 getriebende Drehzahl
i Übersetzungsverhältnis
M_1 Drehmoment treibend
M_2 Drehmoment getrieben

$$n_1 \cdot d_1 = n_2 \cdot d_2$$

$$n_1 \cdot z_1 = n_2 \cdot z_2$$

$$i = \frac{n_1}{n_2}$$

$$i = \frac{d_2}{d_1}$$

$$i = \frac{z_2}{z_1}$$

$$\frac{M_1}{M_2} = \frac{n_2}{n_1}$$

10.2.4 Rollen und Flaschenzug

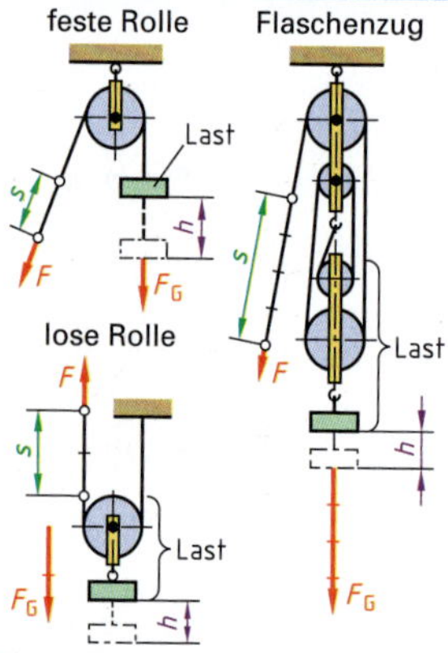

F Kraft im Zugseil
s Kraftweg
F_G Gewichtskraft der Last
h Hubhöhe
n Gesamtzahl der Rollen beim Flaschenzug

Feste Rolle:

$$s = h$$

$$F = F_G$$

Lose Rolle:

$$s = 2 \cdot h$$

$$F = \frac{F_G}{2}$$

Flaschenzug:

$$s = n \cdot h$$

$$F = \frac{F_G}{n}$$

10.2.5 Drehmomente

Drehmoment

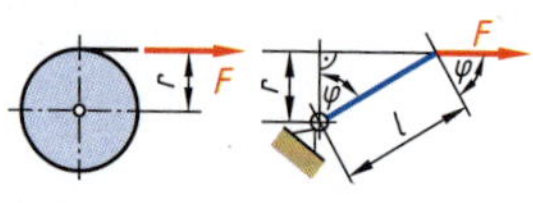

M Moment, Drehmoment $[M]$ = Nm
F Kraft
r wirksame Hebellänge
φ Winkel zwischen l und r

$$M = F \cdot r$$

$$M = F \cdot l \cdot \cos \varphi$$

Hebelgesetz (Gleichgewichtsbedingung)

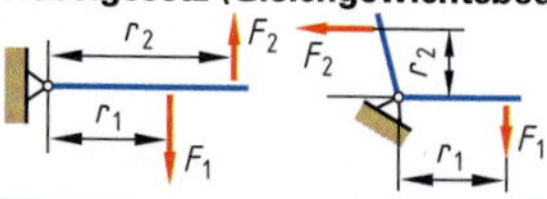

$F_1, F_2, \ldots$ Kräfte
$r_1, r_2, \ldots$ wirksame Hebellänge
ΣM Summe der Momente

$$F_2 \cdot r_2 + \ldots = F_1 \cdot r_1 + \ldots$$
$$\Sigma M_{links} = \Sigma M_{rechts}$$

Lagerkräfte (Auflagerkräfte) bei einem Träger mit konstantem Querschnitt

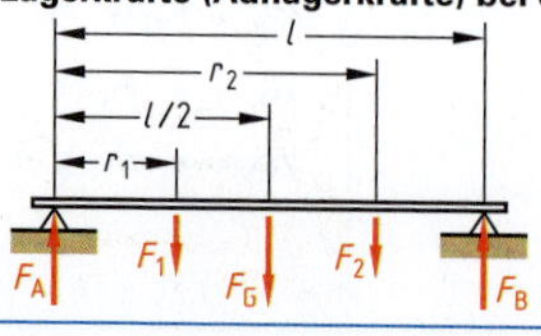

$F_1, F_2, \ldots$ Kräfte am Träger
$r_1, r_2, \ldots$ Hebelarme
F_G Gewicht des Trägers
l Abstand der Lager
F_A, F_B Lagerkräfte

$$F_B \cdot l = F_1 \cdot r_1 + F_2 \cdot r_2 + \frac{1}{2} l \cdot F_G$$

$$F_A + F_B = F_1 + F_2 + F_G$$

10.2.6 Mechanische Leistung

Leistung bei geradliniger Bewegung und bei Drehbewegung

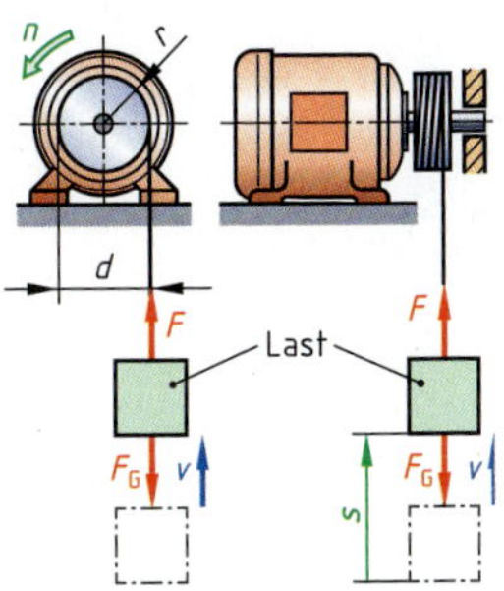

P	Leistung
W	Arbeit
t	Arbeitszeit
F	Kraft
s	Kraftweg
v	Umfangsgeschwindigkeit
n	Drehzahl, Umdrehungsfrequenz
r	Radius
M	Drehmoment
ω	Winkelgeschwindigkeit, Drehgeschwindigkeit

$[P] = \frac{\text{Nm}}{\text{s}}$

$1\,\frac{\text{Nm}}{\text{s}} = 1\,\frac{\text{J}}{\text{s}} = 1\,\text{W}$

$v = 2 \cdot \pi \cdot n \cdot r$

$M = F \cdot r$

$\omega = 2 \cdot \pi \cdot n$

$[\omega] = \frac{\text{rad}}{\text{s}} = \frac{1}{\text{s}}$

$P = \frac{W}{t} = \frac{F \cdot s}{t}$

$P = F \cdot v$

$P = F \cdot 2 \cdot \pi \cdot n \cdot r$

$P = M \cdot \omega$

$P = M \cdot 2 \cdot \pi \cdot n$

Umrechnung:
Sek ↔ Min

s : 60 → min

min · 60 → s

In der Praxis häufig verwendet: P in kW, M in Nm, n in $\frac{1}{\text{min}}$ ⟹ $P = \frac{M \cdot n}{9549}$

10.3 Umlaufende elektrische Maschinen

10.3.1 Wechselstrommotor und Drehstrommotor

Wechselstrommotor

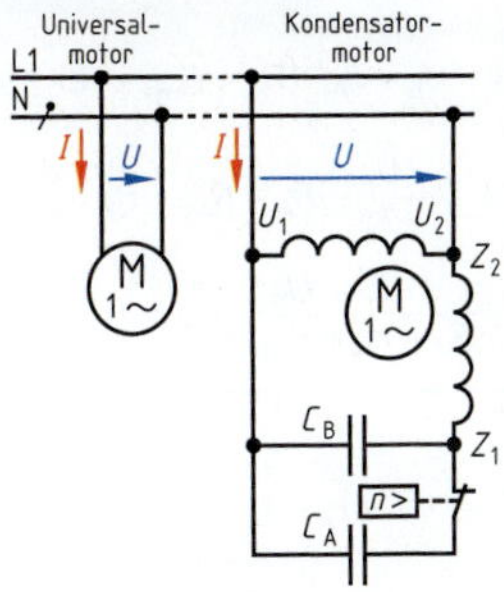

P_{zu}	zugeführte Leistung
P_{ab}	abgegebene Leistung
U	Leiterspannung
I	Leiterstrom
$\cos\varphi$	Wirkfaktor
η	Wirkungsgrad
Q_{CB}	Blindleistung des Betriebskondensators
C_A	Kapazität des Anlaufkondensators
C_B	Kapazität des Betriebskondensators
ω	Kreisfrequenz
U_C	Kondensatorbemessungsspannung

- Universalmotor
- Kondensatormotor

$P_{zu} = U \cdot I \cdot \cos\varphi$

$P_{ab} = U \cdot I \cdot \cos\varphi \cdot \eta$

$\eta = \frac{P_{ab}}{P_{zu}}; \quad P_v = P_{zu} - P_{ab}$

Kondensatormotor

$Q_{CB} = 1{,}3\,\frac{\text{kvar}}{\text{kW}} \cdot P_{ab}$

$C_B = \frac{Q_{CB}}{\omega \cdot U^2}$

$C_A = 3 \cdot C_B$

$U_C = 1{,}35 \cdot U$

Drehstrommotor

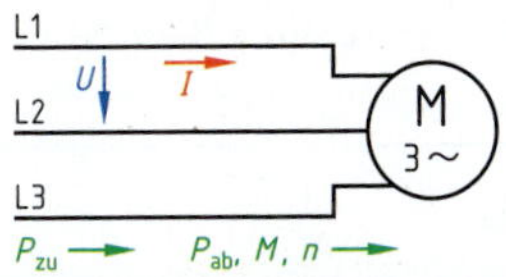

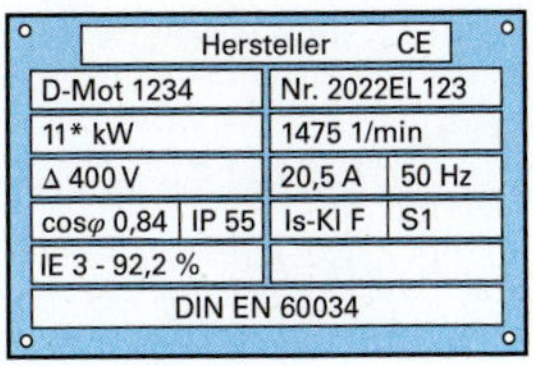

* P_{ab} = 11 kW

P_{zu}	zugeführte Leistung
P_{ab}	abgegebene Leistung
P_v	Verlustleistung
U	Leiterspannung
I	Leiterstrom
$\cos\varphi$	Wirkfaktor
η	Wirkungsgrad
n	Läuferdrehzahl
n_S	Drehfelddrehzahl
s	Schlupf (in %)
f_L	Frequenz der Läuferspannung
f	Netzfrequenz
p	Polpaarzahl

- Drehstromasynchronmotor
- Drehstromsynchronmotor

$P_{zu} = \sqrt{3} \cdot U \cdot I \cdot \cos\varphi$

$P_{ab} = \sqrt{3} \cdot U \cdot I \cdot \cos\varphi \cdot \eta$

$\eta = \frac{P_{ab}}{P_{zu}}; \quad P_v = P_{zu} - P_{ab}$

Drehstromasynchronmotor

$s = \frac{n_s - n}{n_s} \cdot 100\,\%$

$f_L = \frac{f \cdot s}{100\,\%}$

$f_L = f \cdot \frac{n_s - n}{n_s}$

Drehstromsynchronmotor

$n = n_s = \frac{f}{p}$

10.3.2 Schrittmotor

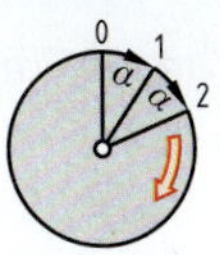

α	Schrittwinkel
p	Polpaarzahl
m	Strangzahl (Phasenzahl)
z_u	Schrittzahl/Umdrehung
n	Drehzahl
f_{sch}	Schrittfrequenz

Vollschrittbetrieb

$z_u = 2 \cdot p \cdot m$

$\alpha = \frac{360°}{z_u}$

$n = \frac{f_{sch}}{z_u}$

10.3.3 Gleichstrommaschinen

Fremderregte Gleichstrommaschine

Bei Maschinen ohne Wendepol- bzw. Kompensationswicklung gilt: $R_{wp} = 0\ \Omega$ bzw. $R_k = 0\ \Omega$

Motor

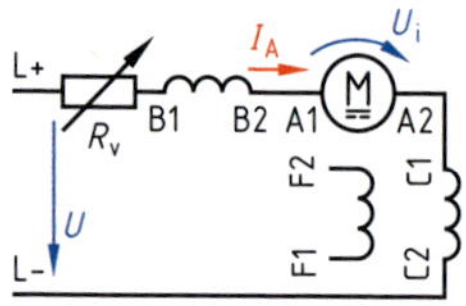

U	Netzspannung
U_i	induzierte Gegenspannung
U_B	Bürstenspannung
I_A	Ankerstrom
I_2	Einschaltstrom
R_v	Anlasswiderstand
R_k	Widerst. Kompensationswickl.
R_{wp}	Widerst. Wendepolwicklung
R_A	Ankerwiderstand

$$U = U_i + U_B + I_A \cdot (R_A + R_{wp} + R_k)$$

$$R_v = \frac{U - U_B}{I_2} - R_A - R_{wp} - R_k$$

$$I_2 = \frac{U - U_B}{R_V + R_A + R_{wp} + R_k}$$

Generator

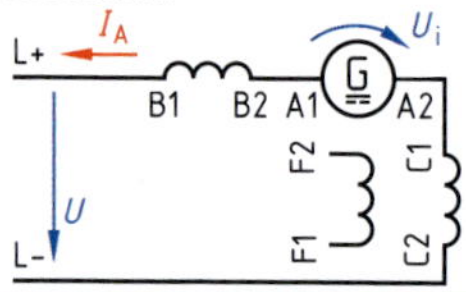

U	Klemmenspannung
U_i	induzierte Spannung
U_B	Bürstenspannung
I_A	Ankerstrom
R_A	Ankerwiderstand
R_k	Widerst. Kompensationswickl.
R_{wp}	Widerst. Wendepolwicklung

$$U = U_i - U_B - I_A \cdot (R_A + R_{wp} + R_k)$$

$$I_A = \frac{U_i - U_B - U}{R_A + R_{wp} + R_k}$$

Gleichstrom-Nebenschlussmaschine

Bei Maschinen ohne Wendepol- bzw. Kompensationswicklung gilt: $R_{wp} = 0\ \Omega$ bzw. $R_k = 0\ \Omega$

Motor

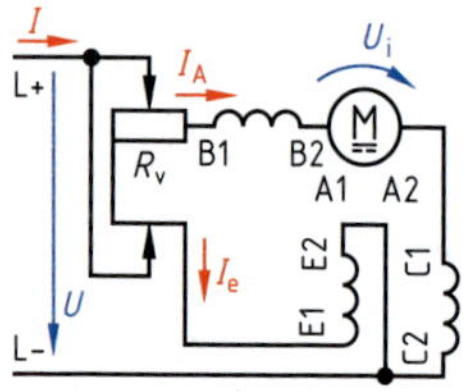

U	Netzspannung
U_i	induzierte Gegenspannung
U_B	Bürstenspannung
I	Netzstrom
I_A	Ankerstrom
I_e	Erregerstrom
I_2	Einschaltstrom
R_e	Erregerwiderstand
R_A	Ankerwiderstand
R_{wp}	Widerst. Wendepolwicklung
R_k	Widerst. Kompensationswickl.
R_v	Anlasswiderstand

$$I = I_A + I_e \qquad U = I_e \cdot R_e$$

$$U = U_i + U_B + I_A \cdot (R_A + R_{wp} + R_k)$$

$$R_v = \frac{U - U_B}{I_2 - I_e} - R_A - R_{wp} - R_k$$

$$I_2 = \frac{U - U_B}{R_V + R_A + R_{wp} + R_k} + I_e$$

Generator

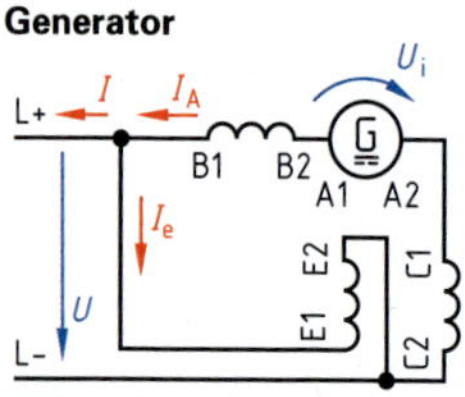

U	Klemmenspannung
U_i	induzierte Spannung
U_B	Bürstenspannung
I_A	Ankerstrom
I_e	Erregerstrom
R_e	Erregerwiderstand
R_A	Ankerwiderstand
R_{wp}	Widerst. Wendepolwicklung
R_k	Widerst. Kompensationswickl.

$$I = I_A - I_e$$

$$U = I_e \cdot R_e$$
$$U = U_i - U_B - I_A \cdot (R_A + R_{wp} + R_k)$$

Gleichstrom-Reihenschlussmaschine

Bei Maschinen ohne Wendepol- bzw. Kompensationswicklung gilt: $R_{wp} = 0\ \Omega$ bzw. $R_k = 0\ \Omega$

Motor

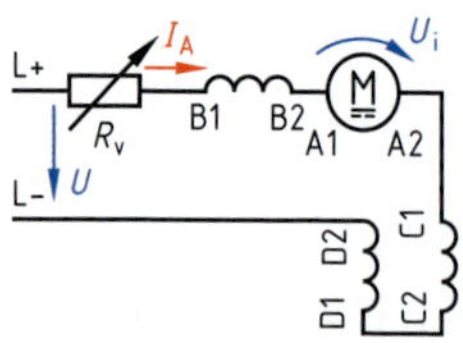

U	Netzspannung
U_B	Bürstenspannung
U_i	induzierte Gegenspannung
I_A	Ankerstrom
I_2	Einschaltstrom
R_A	Ankerwiderstand
R_e	Erregerwiderstand
R_{wp}	Widerst. der Wendepolwickl.
R_k	Widerst. der Kompensationswicklung
R_v	Anlasswiderstand

$$U = U_i + U_B + I_A \cdot (R_A + R_e + R_{wp} + R_k)$$

$$R_v = \frac{U - U_B}{I_2} - R_A - R_e - R_{wp} - R_k$$

$$I_2 = \frac{U - U_B}{R_V + R_A + R_{wp} + R_k}$$

Generator

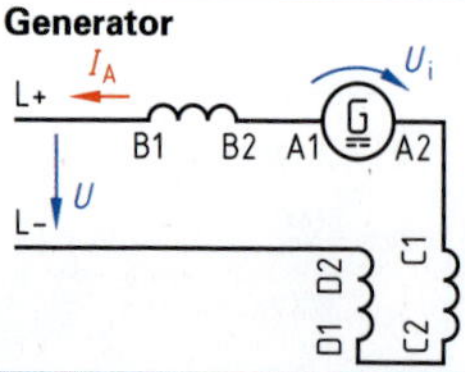

U	Klemmenspannung
U_i	induzierte Spannung
U_B	Bürstenspannung
I_A	Ankerstrom
R_e	Erregerwiderstand
R_A	Ankerwiderstand
R_{wp}	Widerst. Wendepolwicklung
R_k	Widerst. Kompensationswickl.

$$U = U_i - U_B - I_A \cdot (R_A + R_e + R_{wp} + R_k)$$

11 Elektrische Anlagen

11.1 Schutzmaßnahmen

11.1.1 Fehlerstromkreis

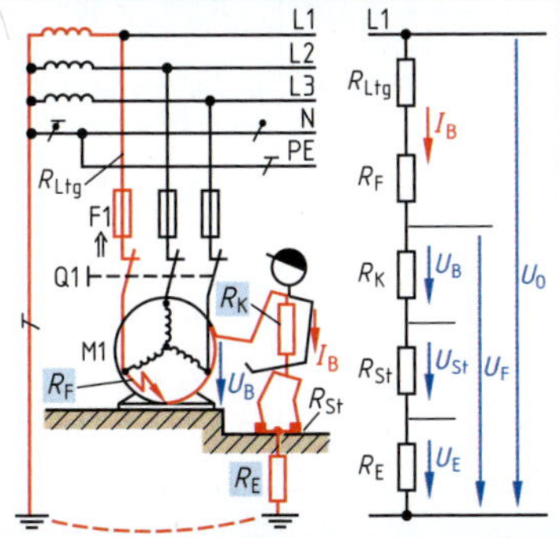

$$I_B = \frac{U_0}{R_{Ltg} + R_F + R_K + R_{St} + R_E}; \qquad U_B = R_K \cdot I_B$$

- R_{Ltg} Widerstand der Leiter im Fehlerstromkreis
- R_F Widerstand der Fehlerstelle (Körperschluss)
- R_K Körperwiderstand
- R_{St} Standortwiderstand
- R_E Erdübergangswiderstand
- I_B Berührungsstrom (Körperstrom)
- U_0 Nennwechselspannung Außenleiter gegen Erde
- U_B Berührungsspannung (zulässiger Grenzwert: U_L = 50 V)

Den Widerstand R_{Ltg} der Leiter im Fehlerstromkreis kann man meist vernachlässigen.

11.1.2 Schutzmaßnahmen im TN-System

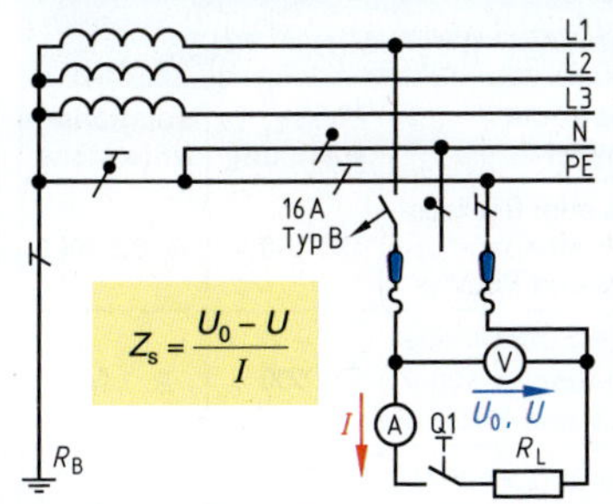

$$Z_s = \frac{U_0 - U}{I}$$

Abschaltstrom I_a siehe Seite 37 (Tabelle)

- Z_s Schleifenimpedanz (Schleifenwiderstand)
- U_0 Nennwechselspannung ohne Belastung zwischen dem Außenleiter und dem PE- oder PEN-Leiter
- I_K Kurzschlussstrom
- U Spannung bei Belastung zwischen dem Außenleiter und dem PE- oder PEN-Leiter
- I Belastungsstrom
- I_a Abschaltstrom der Überstrom-Schutzeinrichtung

$$Z_s \leq \frac{U_0}{I_a}$$

$$I_a \leq \frac{U_0}{Z_s}$$

$$I_k = \frac{U_0}{Z_s}$$

Beim Messen der Schleifenimpedanz soll nach DIN VDE 0100-410 (Anhang C) Z_s nicht größer sein als:

$$Z_s \leq \frac{2}{3} \cdot \frac{U_0}{I_a}$$

11.1.3 Schutzmaßnahmen im TT-System

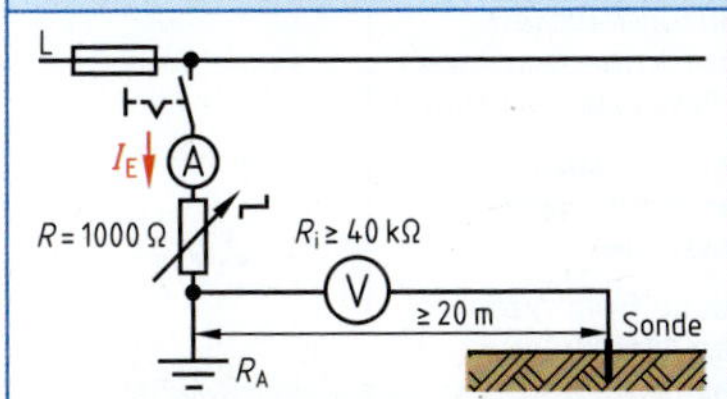

- R_A Erdungswiderstand
- I_a Abschaltstrom der Überstrom-Schutzeinrichtung
- U_E Erderspannung bei der Prüfung
- I_E Erderstrom bei der Prüfung
- $I_{\Delta N}$ Bemessungs-Differenzstrom der Fehlerstrom-Schutzeinrichtung (RCD)

50 V ist der Grenzwert der dauernd zulässigen Berührungsspannung U_L.

$$R_A \cdot I_a \leq 50\ \text{V}$$

$$R_A = \frac{U_E}{I_E}$$

$$R_A \leq \frac{50\ \text{V}}{I_{\Delta N}}$$

Wendet man in TT-Systemen für den Fehlerschutz Überstrom-Schutzeinrichtungen an, ist zur Messung des Erdungswiderstandes R_A die Bedingung der Schleifenimpedanz Z_s zu erfüllen (U_0 Nennwechselspannung Außenleiter gegen Erde).

$$Z_s \leq \frac{U_0}{I_a}$$

11.1.4 Maximale Abschaltzeiten im TN-System und im TT-System (nach DIN VDE 0100-410)

Stromkreisart	Nennwechselspannung U_0	Maximale Abschaltzeit t_a im TN-System	Maximale Abschaltzeit t_a im TT-System
Endstromkreise mit Steckdosen bis 63 A, fest angeschlossene Verbrauchsmittel bis 32 A	über 50 V bis 120 V über 120 V bis 230 V über 230 V bis 400 V über 400 V	0,8 s 0,4 s 0,2 s 0,1 s	0,3 s 0,2 s 0,07 s 0,04 s
Verteilungsstromkreise und sonstige Stromkreise		5 s	1 s

Wird im TT-System die Abschaltung durch eine Überstrom-Schutzeinrichtung erreicht und sind alle fremden, leitfähigen Anlagenteile in den Schutzpotenzialausgleich über die Haupterdungsschiene einbezogen, darf die für TN-Systeme anwendbare Abschaltzeit verwendet werden (DIN VDE 0100-410).

11.1.5 Schutzmaßnahmen im IT-System

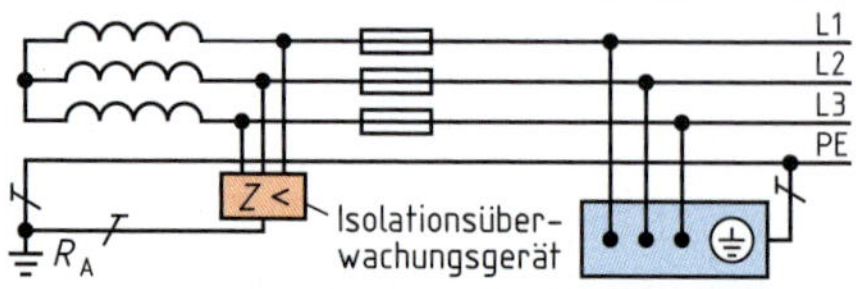

Abschaltzeiten im IT-System	
Nennwechselspannung	**Maximale Abschaltzeiten im IT-System**
über 50 bis 120 V	0,8 s
über 120 bis 230 V	0,4 s
über 230 bis 400 V	0,2 s
> 400 V	0,1 s

R_A Erdungswiderstand

I_d Fehlerstrom nach dem Auftreten des ersten Fehlers zwischen Außenleiter und Körper

U_0 Nennwechselspannung zwischen Außenleitern und Neutralleiter

U Nennwechselspannung zwischen Außenleitern

Z_S Impedanz der Fehlerschleife

I_a Abschaltstrom der Überstrom-Schutzeinrichtung

$$R_A \cdot I_d \leq 50\ \text{V}$$

Dreileitersystem ohne Neutralleiter:

$$Z_S \leq \frac{U}{2 \cdot I_a}$$

Vierleitersystem mit Neutralleiter:

$$Z_S \leq \frac{U_0}{2 \cdot I_a}$$

11.1.6 Messen des Isolationswiderstandes

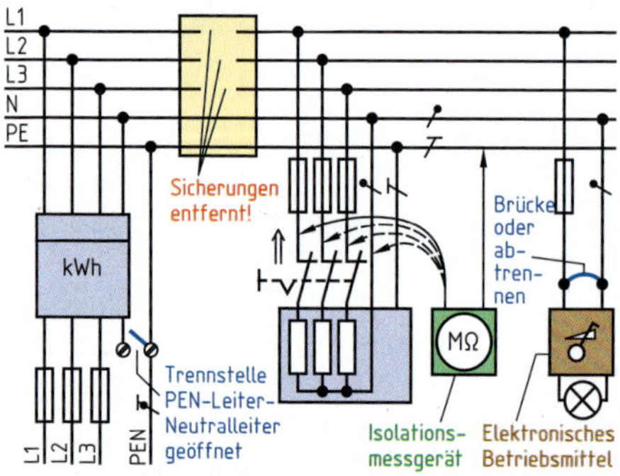

Mindestisolationswiderstände (nach DIN VDE 0100-410)		
Stromkreise oder Betriebsmittel	**Messspannung**	**Isolationswiderstand**
Stromkreis oder Betriebsmittel für Kleinspannung SELV und PELV	DC 250 V	≥ 0,5 MΩ
Allgemeine Stromkreise Nennspannung ≤ 500 V außer SELV und PELV	DC 500 V	≥ 1 MΩ
Nennspannung > 500 V	DC 1000 V	≥ 1 MΩ

11.1.7 Isolationswiderstandsmessung von isolierenden Fußböden und Wänden

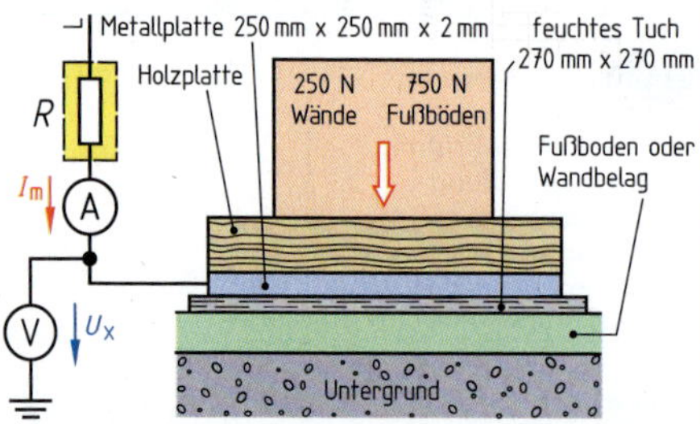

Z_x Isolationswiderstand (Isolationsimpedanz) des Fußbodens oder der Wand

I_m gemessener Strom über die Metallplatte (Prüfelektrode)

U_x gemessene Spannung zwischen Metallplatte (Prüfelektrode) und Schutzleiter PE

$[Z_x] = \Omega$; $[U_x] = \text{V}$; $[I_m] = \text{A}$

$$Z_x = \frac{U_x}{I_m}$$

11.1.8 Fehlerstrom-Schutzeinrichtung (RCD*)

Zulässige Erdungswiderstände R_A	
$I_{\Delta N}$	**Erdungswiderstand R_A bei U_L = 50 V**
0,01 A	5000 Ω
0,03 A	1667 Ω
0,3 A	167 Ω
0,5 A	100 Ω

U_L Grenzwert (50 V) der dauernd zulässigen Berührungsspannung

R_A Erdungswiderstand

$I_{\Delta N}$ Bemessungs-Differenzstrom (Nennfehlerstrom) der Fehlerstrom-Schutzeinrichtung (RCD)

* RCD, Abk. für: Residual Current Protection Device (engl.) = Fehlerstrom-Schutzeinrichtung

$$R_A \cdot I_{\Delta N} \leq U_L$$

11.1.9 Auslösekennlinien von Überstrom-Schutzeinrichtungen

Niederspannungssicherungen (Ganzbereichssicherungen gG)

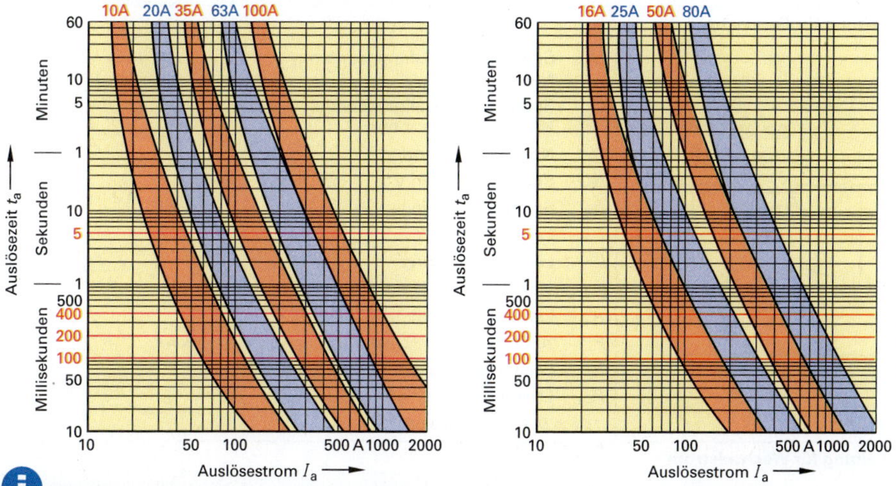

Bemessungsströme von Schmelzsicherungen gG: 2 A, 4 A, 6 A, 10 A, 13 A, 16 A, 20 A, 25 A, 35 A, 50 A, 63 A, 80 A und 100 A.

Leitungsschutzschalter (LS-Schalter Typ B, C, D, K und Z)

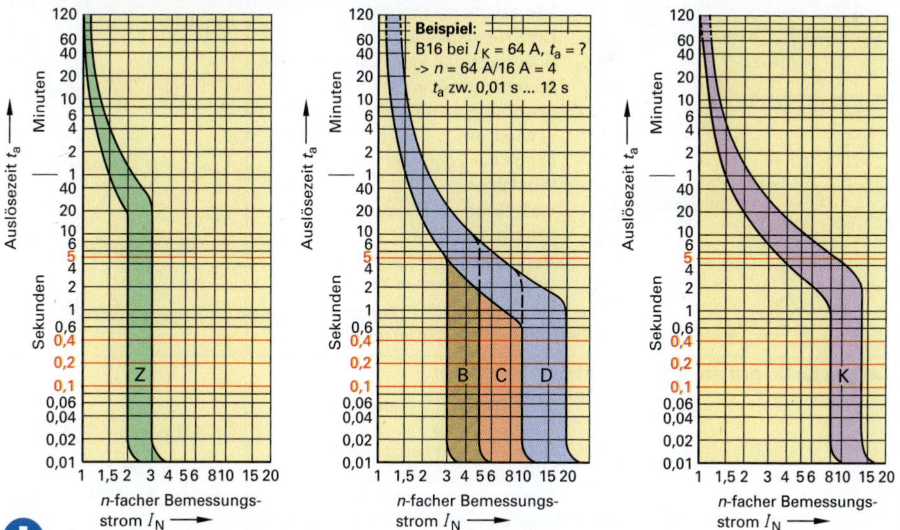

Bemessungsströme I_N von LS-Schaltern, Typ B: 6 A, 10 A, 13 A, 16 A, 20 A, 25 A, 32 A, 40 A, 50 A, 63 A, 80 A, 100 A und 125 A.

Berechnung des Abschaltstromes I_a von LS-Schaltern (Auswahl)

Typ (Charakteristik)	Z	B	C	D	K	Anwendungsbeispiele (Charakteristik)
Abschaltstrom I_a	$3 \cdot I_N$	$5 \cdot I_N$	$10 \cdot I_N$	$20 \cdot I_N$	$14 \cdot I_N$	Z: Halbleiterschutz, Spannungswandler
Beispiel: LS-Schalter B16, $I_a = 5 \cdot I_N = 5 \cdot 16\ \text{A} = 80\ \text{A}$ LS-Schalter Typ Z und K lösen im Überlastbereich früher aus als LS-Schalter des Typs B, C und D.						B: Hausinstallation C: Kleintransformatoren, Motoren, Beleuchtungsstromkreise D, K: Motorstromkreise oder Transformatoren mit hohem Einschaltstrom

11.2 Leitungen

11.2.1 Unverzweigte Leitungen

Leitung für Gleichstrom

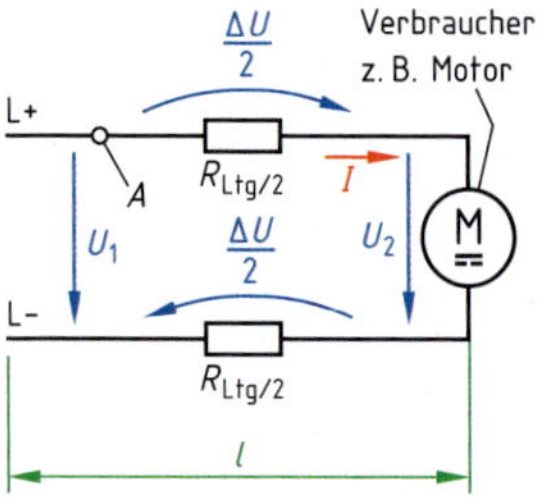

U_1	Spannung am Leitungsanfang, Netzspannung
U_2	Spannung am Leitungsende, Verbraucherspannung
U	Netz-Nennspannung
ΔU	Spannungsfall in V $\quad [\Delta U] = \mathrm{V}$
Δu	Spannungsfall in %
I	Leiterstrom
l	Länge der Leitung
γ	elektrische Leitfähigkeit
A*	Leiterquerschnitt
P	zu übertragende Leistung
P_v	Leistungsverlust in W $\quad [P_v] = \mathrm{W}$
$P_{v\,\%}$	Leistungsverlust in %

* Nach DIN 1304 auch *S* oder *q*.

$$\Delta U = U_1 - U_2$$

$$\Delta U = \frac{2 \cdot l \cdot I}{\gamma \cdot A}$$

$$\Delta U = \frac{2 \cdot P \cdot l}{\gamma \cdot A \cdot U}$$

$$\Delta u = \frac{\Delta U}{U} \cdot 100\,\%$$

$$P_v = \frac{2 \cdot l \cdot I^2}{\gamma \cdot A}$$

$$P_{v\,\%} = \frac{2 \cdot l \cdot I \cdot 100\,\%}{\gamma \cdot A \cdot U}$$

$$P_{v\,\%} = \frac{P_v \cdot 100\%}{P}$$

Leitung für Wechselstrom

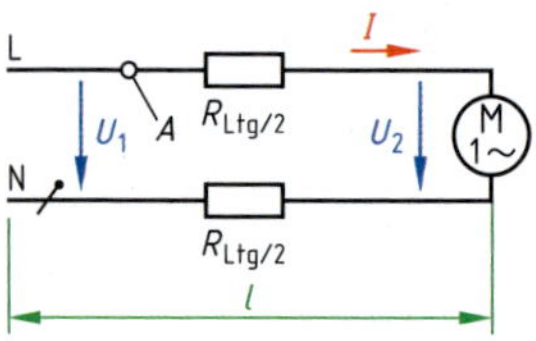

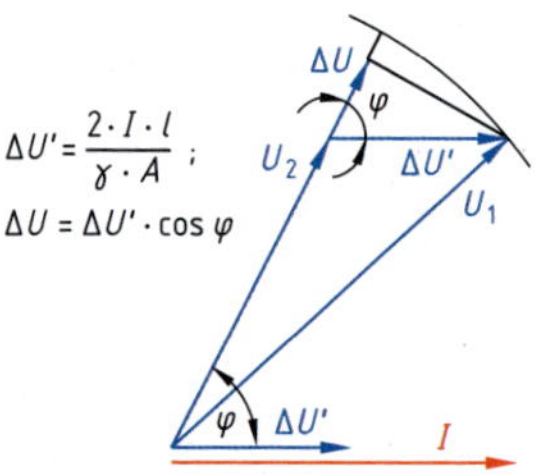

U_1	Spannung am Leitungsanfang, Netzspannung
U_2	Spannung am Leitungsende, Verbraucherspannung
U	Netz-Nennspannung
ΔU	Spannungsfall in V $\quad \Delta U \approx U_1 - U_2$
Δu	Spannungsfall in %
$\Delta U'$	Spannung an der Leitung
I	Leiterstrom
l	Länge der Leitung
$\cos \varphi$	Wirkfaktor
γ	elektrische Leitfähigkeit
A*	Leiterquerschnitt
P	zu übertragende Leistung
P_v	Leistungsverlust in W
$P_{v\,\%}$	Leistungsverlust in %

* Nach DIN 1304 auch *S* oder *q*.

$$\Delta U = \frac{2 \cdot l \cdot I \cdot \cos \varphi}{\gamma \cdot A}$$

$$\Delta U = \frac{2 \cdot P \cdot l}{\gamma \cdot A \cdot U}$$

$$\Delta u = \frac{\Delta U}{U} \cdot 100\,\%$$

$$P_v = \frac{2 \cdot l \cdot I^2}{\gamma \cdot A}$$

$$P_{v\,\%} = \frac{2 \cdot l \cdot I \cdot 100\,\%}{\gamma \cdot A \cdot U \cdot \cos \varphi}$$

$$P_{v\,\%} = \frac{P_v \cdot 100\%}{P}$$

Leitung für Drehstrom (bei symmetrischer Belastung)

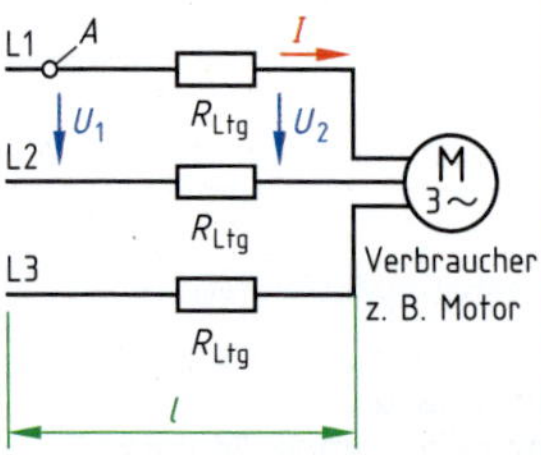

U_1	Spannung am Leitungsanfang, Netzspannung
U_2	Spannung am Leitungsende, Verbraucherspannung
U	Leiterspannung (Netz-Nennspg.)
ΔU	Spannungsfall in V $\quad \Delta U \approx U_1 - U_2$
Δu	Spannungsfall in %
I	Leiterstrom
l	Länge der Leitung
$\cos \varphi$	Wirkfaktor
γ	elektrische Leitfähigkeit
A*	Leiterquerschnitt
P	zu übertragende Leistung
P_v	Leistungsverlust in W
$P_{v\,\%}$	Leistungsverlust in %

* Nach DIN 1304 auch *S* oder *q*.

$$\Delta U = \frac{\sqrt{3} \cdot l \cdot I \cdot \cos \varphi}{\gamma \cdot A}$$

$$\Delta U = \frac{P \cdot l}{\gamma \cdot A \cdot U}$$

$$\Delta u = \frac{\Delta U}{U} \cdot 100\,\%$$

$$P_v = \frac{3 \cdot l \cdot I^2}{\gamma \cdot A}$$

$$P_{v\,\%} = \frac{\sqrt{3} \cdot l \cdot I \cdot 100\,\%}{\gamma \cdot A \cdot U \cdot \cos \varphi}$$

$$P_{v\,\%} = \frac{P_v \cdot 100\%}{P}$$

11.2.2 Verzweigte Leitungen

Leitung für Gleichstrom

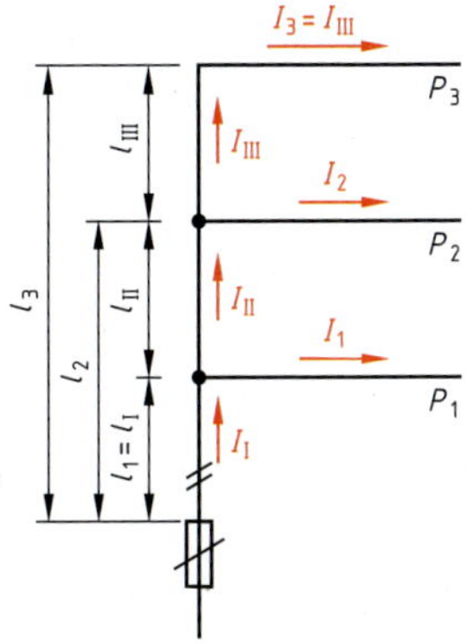

Leitung für Wechselstrom

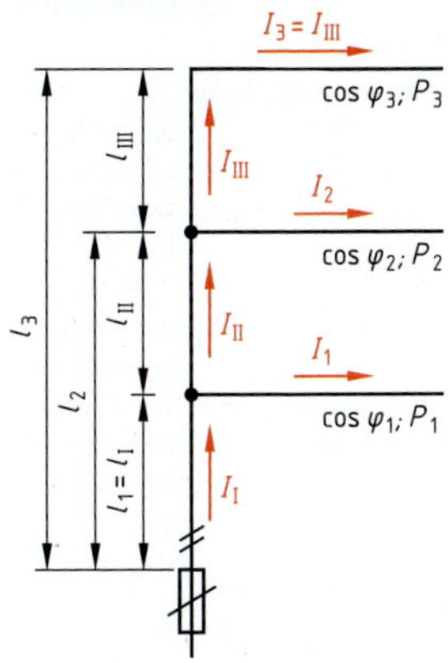

Leitung für Drehstrom

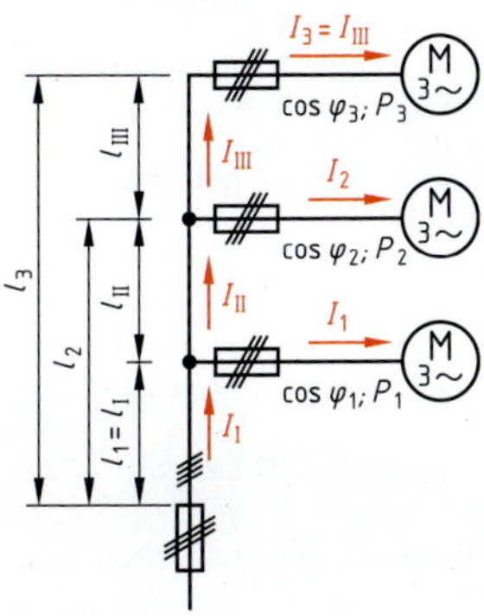

U_1 Spannung am Leitungsanfang

U_2 Spannung am Leitungsende

ΔU* Spannungsfall in V bis zum Ende der Leitung

U Netz-Nennspannung

γ elektrische Leitfähigkeit

A** Leiterquerschnitt

I Gesamtstrom im ersten Leitungsabschnitt

Σ*** Zeichen für Summe

$I_1, I_2 \dots$ Zweigströme

$l_1, l_2 \dots$ Leitungslängen bis zu den Abzweigen

$I_{\mathrm{I}}, I_{\mathrm{II}} \dots$ Gesamtströme in den Hauptleitungsabschnitten

$I_{\mathrm{I}} = I_1 + I_2 + I_3 + \dots$
$I_{\mathrm{II}} = I_2 + I_3 + \dots$
$I_{\mathrm{III}} = I_3 + \dots$

$l_{\mathrm{I}}, l_{\mathrm{II}} \dots$ Längen der Hauptleitungsabschnitte

$P_1, P_2 \dots$ Zweigleistungen

$P_{\mathrm{I}}, P_{\mathrm{II}} \dots$ Gesamtleistungen in den Leitungsabschnitten

$P_{\mathrm{I}} = P_1 + P_2 + P_3 + \dots$

$P_{\mathrm{II}} = P_2 + P_3 + \dots$

$P_{\mathrm{III}} = P_3 + \dots$

P_{v} Leistungsverlust in W

$P_{\mathrm{v\,\%}}$ Leistungsverlust in %

$\cos\varphi_1, \cos\varphi_2 \dots$ Wirkfaktoren der Zweige

$\cos\varphi_{\mathrm{m}}$ mittlerer Wirkfaktor (geschätzt)

g Gleichzeitigkeitsfaktor

* Zur Berechnung des maximal zulässigen Spannungsfalls ΔU, nach DIN 18015, muss in jedem Leitungsabschnitt der Bemessungsstrom der vorgeschalteten Überstrom-Schutzeinrichtung eingesetzt werden.

** Nach DIN 1304 auch S oder q.

*** Σ griech. Großbuchstabe Sigma.

Gleichstrom

$$\Delta U = U_1 - U_2$$

$$\Delta U = \frac{2}{\gamma \cdot A} \cdot \Sigma (I \cdot l)$$

$$\Sigma (I \cdot l) = I_{\mathrm{I}} \cdot l_{\mathrm{I}} + I_{\mathrm{II}} \cdot l_{\mathrm{II}} + \dots$$

$$\Sigma (I \cdot l) = I_1 \cdot l_1 + I_2 \cdot l_2 + \dots$$

$$\Delta U = \frac{2}{\gamma \cdot A \cdot U} \cdot \Sigma (P \cdot l)$$

$$\Sigma (P \cdot l) = P_{\mathrm{I}} \cdot l_{\mathrm{I}} + P_{\mathrm{II}} \cdot l_{\mathrm{II}} + \dots$$

$$\Sigma (P \cdot l) = P_1 \cdot l_1 + P_2 \cdot l_2 + \dots$$

$$P_{\mathrm{v}} = \frac{2 \cdot (I_{\mathrm{I}}^2 \cdot l_{\mathrm{I}} + I_{\mathrm{II}}^2 \cdot l_{\mathrm{II}} + \dots)}{\gamma \cdot A}$$

Wechselstrom

$$\Delta U = U_1 - U_2$$

$$\Delta U = \frac{2}{\gamma \cdot A} (I_1 \cdot l_1 \cos\varphi_1 + \dots)$$

$$\Delta U = \frac{2 \cdot \cos\varphi_{\mathrm{m}}}{\gamma \cdot A} \cdot \Sigma (I \cdot l)$$

$$\Delta U = \frac{2}{\gamma \cdot A \cdot U} \cdot \Sigma (P \cdot l)$$

$$P_{\mathrm{v}} = \frac{2 \cdot (I_{\mathrm{I}}^2 \cdot l_{\mathrm{I}} + I_{\mathrm{II}}^2 \cdot l_{\mathrm{II}} + \dots)}{\gamma \cdot A}$$

$$P_{\mathrm{v\,\%}} = \frac{P_{\mathrm{v}} \cdot 100\,\%}{P_1 + P_2 + \dots}$$

Drehstrom

$$\Delta U = \frac{\sqrt{3} \cdot \Sigma (I \cdot l) \cdot \cos\varphi_{\mathrm{m}}}{\gamma \cdot A}$$

$$\Delta U = \frac{\Sigma (P \cdot l)}{\gamma \cdot A \cdot U}$$

$$P_{\mathrm{v}} = \frac{3 \cdot (I_{\mathrm{I}}^2 \cdot l_{\mathrm{I}} + I_{\mathrm{II}}^2 \cdot l_{\mathrm{II}} + \dots)}{\gamma \cdot A}$$

$$P_{\mathrm{v\,\%}} = \frac{P_{\mathrm{v}} \cdot 100\,\%}{P_1 + P_2 + \dots}$$

Hauptleitungen beim Gleichzeitigkeitsfaktor g:

$$\Delta U = \frac{\sqrt{3} \cdot \Sigma(I \cdot l) \cdot \cos\varphi_{\mathrm{m}} \cdot g}{\gamma \cdot A}$$

11.2.3 Ringleitung

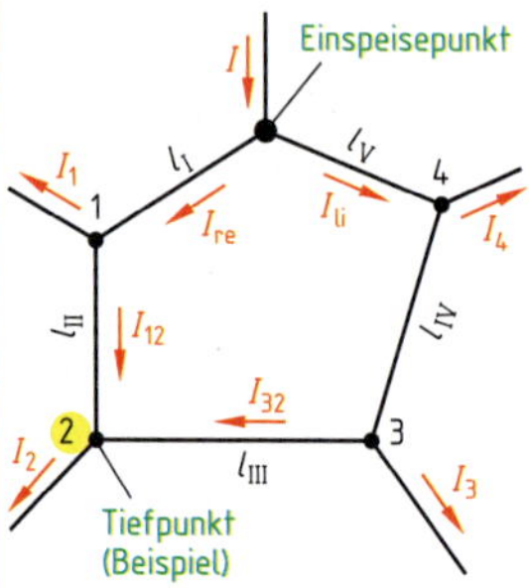

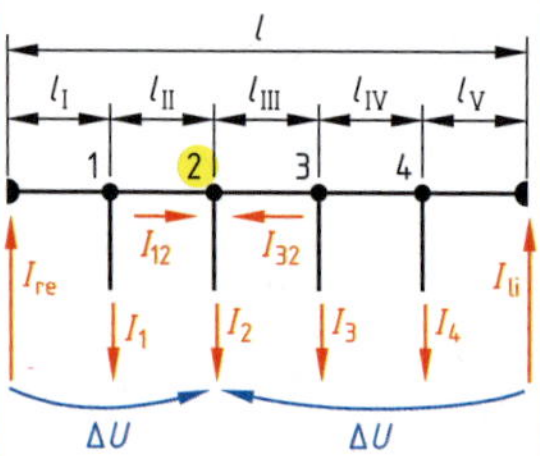

Ringleitung,
am Einspeisepunkt aufgeschnitten
2 Tiefpunkt

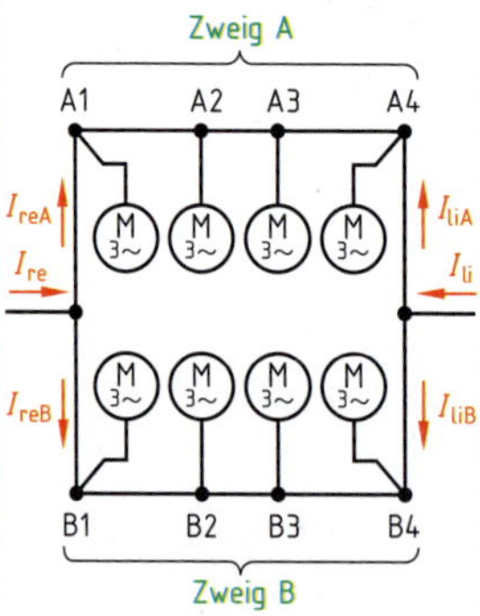

Ringleitung mit zwei Einspeisepunkten gleicher Spannung

Jeder der beiden Zweige A und B zwischen den Einspeisepunkten wird wie eine Ringleitung berechnet.

Ermittlung der Komponentenströme

Gleichgewichtsbedingungen für die Strommomente:

$$\Sigma (I \cdot l)_{re} = I_1 \cdot l_I + I_2 (l_I + l_{II}) + I_3 (l_I + l_{II} + l_{III}) + I_4 (l_I + l_{II} + l_{III} + l_{IV})$$

$$\Sigma (I \cdot l)_{li} = I_4 \cdot l_V + I_3 (l_{IV} + l_V) + I_2 (l_{III} + l_{IV} + l_V) + I_1 (l_{II} + l_{III} + l_{IV} + l_V)$$

$$\Sigma (I \cdot l)_{re} = I_{li} \cdot l \qquad \Sigma (I \cdot l)_{li} = I_{re} \cdot l$$

$$I = I_1 + I_2 + I_3 + I_4 \qquad l = l_I + l_{II} + l_{III} + l_{IV} + l_V$$

$\Sigma (I \cdot l)_{re}$	Summe der Strommomente nach rechts
$\Sigma (I \cdot l)_{li}$	Summe der Strommomente nach links
$I_1, I_2, \ldots$	Zweigströme
$l_I, l_{II}, \ldots$	Längen der Leitungsabschnitte
I	Gesamtstrom aller Zweige
I_{re}	Komponentenstrom nach rechts
I_{li}	Komponentenstrom nach links
l	Gesamtlänge der Ringleitung

$$I_{li} = \frac{\Sigma (I \cdot l)_{re}}{l}$$

$$I_{re} = I - I_{li}$$

$$I_{re} = \frac{\Sigma (I \cdot l)_{li}}{l}$$

$$I_{li} = I - I_{re}$$

Bestimmung des Tiefpunkts (Punkt 2 im Beispiel)

Tiefpunt ist der Abzweigpunkt, in den von beiden Seiten Strom fließt. Zur Berechnung des Spannungsfalls muss der Tiefpunkt bekannt sein.

Beispiel: Vier Abzweigpunkte (1 ... 4, Bild links)

Stromfluss nach rechts:

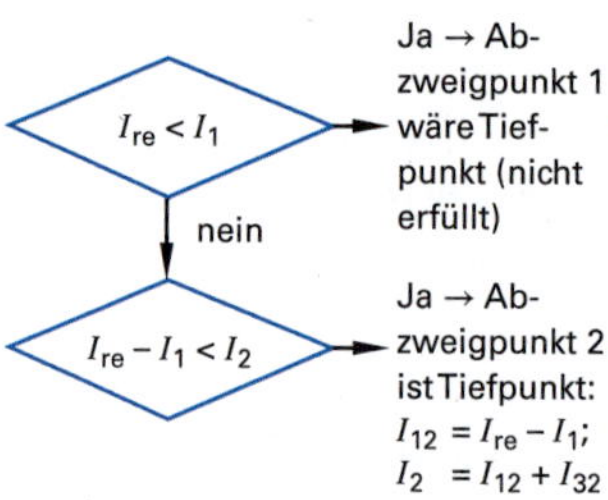

Stromfluss nach links:

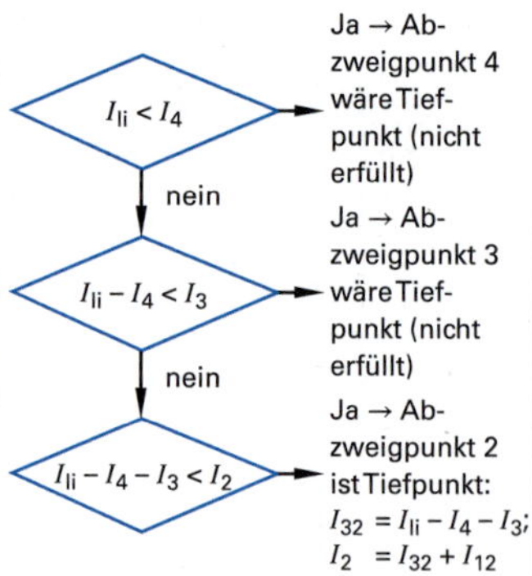

Ermittlung des Leiterquerschnitts

Der Leiterquerschnitt wird vom größten Komponentenstrom und den Verlegebedingungen bestimmt.

Ermittlung des Spannungsfalls bei Drehstrom

Summe der Strommomente nach rechts zum Tiefpunkt (TP) $\Sigma (I \cdot l)_{TPre}$ bzw. nach links zum Tiefpunkt $\Sigma (I \cdot l)_{TPli}$ berechnen.
Beispiel: Punkt 2 **(Bild, Mitte)** ist Tiefpunkt.

$$\Sigma (I \cdot l)_{TPre} = I_1 \cdot l_I + I_{12} (l_I + l_{II})$$

$$\Sigma (I \cdot l)_{TPli} = I_4 \cdot l_V + I_3 (l_{IV} + l_V) + I_{32} (l_{III} + l_{IV} + l_V)$$

$\Sigma (I \cdot l)_{TPre}$	Summe der Strommomente nach rechts bis zum Tiefpunkt
$\Sigma (I \cdot l)_{TPli}$	Summe der Strommomente nach links bis zum Tiefpunkt
ΔU	Spannungsfall
A	Leiterquerschnitt

Berechnung von ΔU nach rechts:

$$\Delta U = \frac{\sqrt{3} \cdot \cos \varphi_m \cdot \Sigma (I \cdot l)_{TPre}}{\gamma \cdot A}$$

Berechnung von ΔU nach links:

$$\Delta U = \frac{\sqrt{3} \cdot \cos \varphi_m \cdot \Sigma (I \cdot l)_{TPli}}{\gamma \cdot A}$$

11.2.4 Bestimmung des Leiterquerschnittes *A* ohne Oberschwingungen (nach DIN VDE 0298-4)

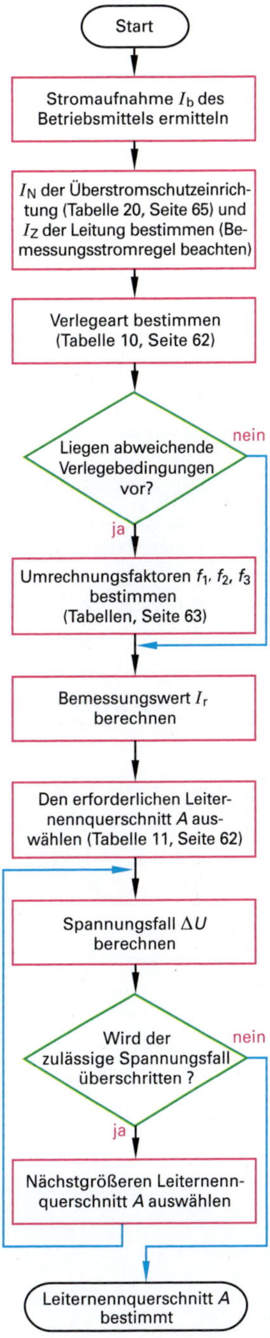

Beispiel zu Wechselstrom
L1/N/PE 50 Hz 230 V

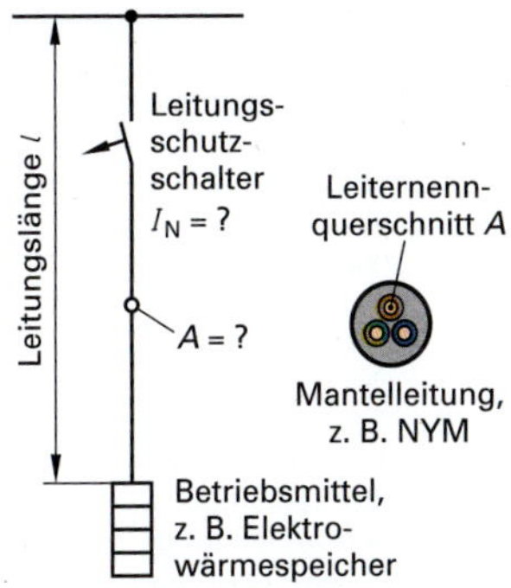

P	zu übertragende Leistung
U	Spannung
$\cos\varphi$	Wirkfaktor
I_b	Stromaufnahme des Betriebsmittels
I_N	Bemessungsstrom der Überstrom-Schutzeinrichtung
I_Z	Strombelastbarkeit bei abweichenden Verlegebedingungen
I_r	Bemessungswert der Strombelastbarkeit der Leitung
f_1	Umrechnungsfaktor bei abweichender Umgebungstemperatur
f_2	Umrechnungsfaktor bei Häufung von Leitungen
f_3	Umrechnungsfaktor für mehr als 3 belastete Adern
ΔU	Spannungsfall in V
Δu	Spannungsfall in %
l	Länge der Leitung
A	Leiternennquerschnitt
γ	elektrische Leitfähigkeit

Elektr. Leitfähigkeit:

Kupfer (Cu) $\gamma_{Cu} = 56 \dfrac{m}{\Omega \cdot mm^2}$

Aluminium (Al) $\gamma_{Al} = 36 \dfrac{m}{\Omega \cdot mm^2}$

Stromaufnahme I_b bei Wechselstrom:

$$I_b = \frac{P}{U \cdot \cos\varphi}$$

Stromaufnahme I_b bei Drehstrom:

$$I_b = \frac{P}{\sqrt{3} \cdot U \cdot \cos\varphi}$$

Bemessungsstromregel:

$$I_b \leq I_N \leq I_Z$$

Bemessungswert I_r:

$$I_r = \frac{I_Z}{f_1 \cdot f_2 \cdot f_3}$$

Spannungsfall ΔU in V bei Wechselstrom:

$$\Delta U = \frac{2 \cdot l \cdot I_N \cdot \cos\varphi}{\gamma \cdot A}$$

Spannungsfall ΔU in V bei Drehstrom:

$$\Delta U = \frac{\sqrt{3} \cdot l \cdot I_N \cdot \cos\varphi}{\gamma \cdot A}$$

Spannungsfall Δu in %:

$$\Delta u = \frac{\Delta U}{U} \cdot 100\ \%$$

Maximal zulässiger Spannungsfall ΔU vom Zähler bis zum Verbraucheranschluss nach DIN 18015:

- Einphasenwechselstrom, U = 230 V, ΔU = 6,9 V
- Dreiphasenwechselstrom, U = 400 V, ΔU = 12 V

11.2.5 Bestimmung des Leiterquerschnittes A bei Oberschwingungen (nach DIN VDE 0100-520, Bbl.3)

Berechnung über Verbraucherströme bei symmetrischer Belastung (ohne Umrechnungsfaktoren f_1 … f_4)

Start
↓
Ströme I_{Lges} im Außenleiter berechnen (Tabelle 16, Seite 64) und deren Summe ΣI_{Lges} bilden
↓
I_N der Überstromschutzeinrichtung (Tabelle 20, Seite 65) und I_Z der Leitung bestimmen (Bemessungsstromregel beachten)
↓
Verzerrungsströme I_{Vges} im Außenleiter berechnen (Tabelle 16, Seite 64) und deren Summe ΣI_{Vges} bilden
↓
Oberschwingungsanteil O_{An} im Außenleiter berechnen
↓
Leiternennquerschnitt A bestimmen (Tabelle 17, Seite 64)

I_{Lges}	Strom im Außenleiter
n	Anzahl der Verbraucher pro Außenleiter
I_L	Stromaufnahme des Verbrauchers
ΣI_{Lges}	Summe der Ströme im Außenleiter
I_{Vges}	Verzerrungsstrom im Außenleiter
I_V	Verzerrungsstrom des Verbrauchers
ΣI_{Vges}	Summe der Verzerrungsströme im Außenleiter
I_N	Bemessungsstrom der Überstrom-Schutzeinrichtung
I_Z	Strombelastbarkeit bei abweichenden Verlegebedingungen
O_{An}	Oberschwingungsanteil im Außenleiter

$$I_{Lges} = n \cdot I_L$$

$$\Sigma I_{Lges} = I_{Lges1} + I_{Lges2} + \ldots$$

$$I_{Vges} = n \cdot I_V$$

$$\Sigma I_{Vges} = I_{Vges1} + I_{Vges2} + \ldots$$

$$O_{An} = \frac{\Sigma I_{Vges} \cdot 100\,\%}{\Sigma I_{Lges}}$$

Bemessungsstromregel:

$$\Sigma I_{Lges} \leq I_N \leq I_Z$$

Berechnung über Verbraucherleistungen bei symmetrischer Belastung (mit Umrechnungsfaktoren f_1 … f_4)

Start
↓
Gesamtleistung P berechnen
↓
Strom I im Außenleiter berechnen
↓
I_N der Überstromschutzeinrichtung (Tabelle 20, Seite 65) und I_Z der Leitung bestimmen (Bemessungsstromregel beachten)
↓
Gesamtleistung P_{Vges} der Verbraucher, die Oberschwingungen erzeugen, berechnen
↓
Oberschwingungsanteil O_{An} berechnen
↓
Umrechnungsfaktoren f_1 … f_4 bestimmen (Tabellen, Seite 63, 64)
↓
Bemessungswert I_r der Strombelastbarkeit berechnen
↓
Leiternennquerschnitt A bestimmen (Tabelle 11, Seite 62)

P	Gesamtleistung
$P_{1,\ldots}$	Einzelleistungen
I	Strom im Außenleiter
U	Spannung
$\cos\varphi$	Wirkfaktor
P_{Vges}	Gesamtleistung der Verbraucher, die Oberschwingungen erzeugen
$P_{V1}, \ldots$	Einzelleistung der Verbraucher, die Oberschwingungen erzeugen
O_{An}	Oberschwingungsanteil
I_N	Bemessungsstrom der Überstrom-Schutzeinrichtung
I_Z	Strombelastbarkeit bei abweichenden Verlegebedingungen
I_r	Strombelastbarkeit der Leitung
f_1	Umrechnungsfaktor bei abweichender Umgebungstemperatur
f_2	Umrechnungsfaktor bei Häufung von Leitungen
f_3	Umrechnungsfaktor für mehr als 3 belastete Adern
f_4	Umrechnungsfaktor für Verbraucher, die Oberschwingungen erzeugen

$$P = P_1 + P_2 + P_3 + \ldots$$

$$I = \frac{P}{\sqrt{3} \cdot U \cdot \cos\varphi}$$

$$P_{Vges} = P_{V1} + P_{V2} + P_{V3} + \ldots$$

$$O_{An} = \frac{P_{Vges} \cdot 100\,\%}{P}$$

Bemessungsstromregel:

$$I_Z \geq I_N \geq I$$

$$I_r = \frac{I_Z}{f_1 \cdot f_2 \cdot f_3 \cdot f_4}$$

11.3 Licht und Beleuchtung

11.3.1 Lichttechnische Größen

Lichtausbeute

η Lichtausbeute
Φ_v Lichtstrom
P Leistungsaufnahme der Lichtquelle

$[\eta] = \frac{lm}{W}$

$[\Phi_v] = lm$

$$\eta = \frac{\Phi_v}{P}$$

Lichtstärke

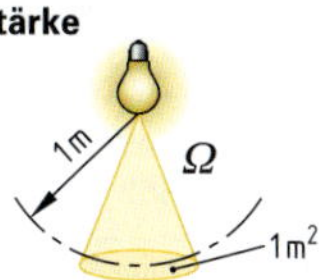

I_v Lichtstärke
Φ_v Lichtstrom
Ω Raumwinkel

$[I_v] = \frac{lm}{sr} = cd$

$[\Omega]$ = sr (steradiant)

Ω = 1 sr, wenn die Ausschnittsfläche auf der Kugel 1 m² beträgt (Kugel mit Halbmesser 1 m).

$$I_v = \frac{\Phi_v}{\Omega}$$

Beleuchtungsstärke

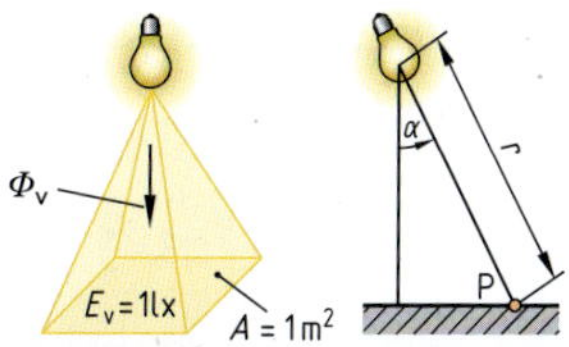

E_v Beleuchtungsstärke
E_p Beleuchtungsstärke im Punkt P
Φ_v Lichtstrom
η_B Beleuchtungswirkungsgrad
A beleuchtete Fläche
Ω Raumwinkel
r Abstand des Punktes P von der Lichtquelle
I_v Lichtstärke
α Strahlungswinkel gegen die Senkrechte

$[E] = \frac{lm}{m^2} = lx$

$$E_v = \frac{\Phi_v \cdot \eta_B}{A}$$

$$A = \Omega \cdot r^2$$

$$E_p = \frac{I_v \cdot \cos \alpha}{r^2}$$

Leuchtdichte

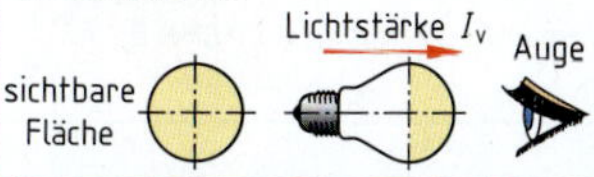

L_v Leuchtdichte
I_v Lichtstärke
A beleuchtete Fläche

$[L_v] = \frac{cd}{m^2}$

Lichteinfall senkrecht zur Fläche:

$$L_v = \frac{I_v}{A}$$

11.3.2 Berechnung von Beleuchtungsanlagen

Innenbeleuchtung nach der Wirkungsgradmethode

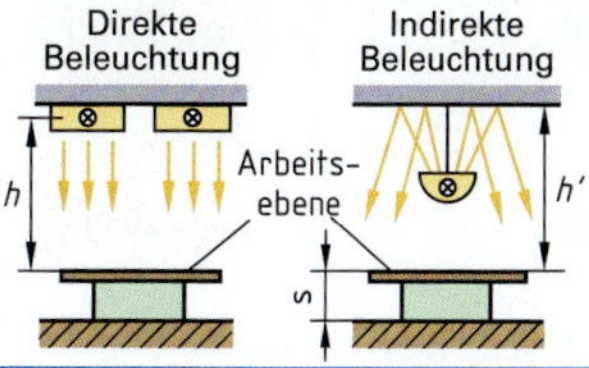

k Raumindex für direkte Beleuchtung
k_i Raumindex für indirekte Beleuchtung
l Länge des Raumes
b Breite des Raumes
h Höhe der Leuchte über der Arbeitsebene
h' Deckenhöhe über Arbeitsebene
s Höhe der Arbeitsebene

Für direkte Beleuchtung:

$$k = \frac{l \cdot b}{h \cdot (l + b)}$$

Für indirekte Beleuchtung:

$$k_i = \frac{3 \cdot l \cdot b}{2 \cdot h' \cdot (l + b)}$$

Beleuchtungswirkungsgrad

η_B Beleuchtungswirkungsgrad
η_{LB} Leuchtenbetriebswirkungsgrad
η_R Raumwirkungsgrad

$$\eta_B = \eta_{LB} \cdot \eta_R$$

Wartungsfaktoren (Referenzwerte)

Wartungsfaktor *WF*	0,8	0,67	0,57	0,50
Anwendung	sehr saubere Räume	saubere Räume	Räume mit normaler Verschmutzung	Räume mit starker Verschmutzung

Zahl der erforderlichen Lampen

n Anzahl der erforderlichen Lampen
$\bar{E}_v$ mittlere Beleuchtungsstärke
A auszuleuchtende Fläche
WF Wartungsfaktor
Φ_{La} Lichtstrom je Lampe
η_B Beleuchtungswirkungsgrad

$[\bar{E}_v] = lx$

$[\Phi_{La}] = lm$

$$n = \frac{\bar{E}_v \cdot A}{\Phi_{La} \cdot \eta_B \cdot WF}$$

ϱ Reflexionsgrad
α Absorptionsgrad
τ Transmissionsgrad (Durchlassgrad)
Φ_ϱ reflektierter Lichtstrom
Φ_α absorbierter Lichtstrom
Φ_τ durchgelassener Lichtstrom
Φ auftreffender Lichtstrom

Reflexion

$$\varrho = \frac{\Phi_\varrho}{\Phi}$$

Absorption

$$\alpha = \frac{\Phi_\alpha}{\Phi}$$

Transmission

$$\tau = \frac{\Phi_\tau}{\Phi}$$

$$\Phi = \Phi_\varrho + \Phi_\alpha + \Phi_\tau$$

$$\varrho + \alpha + \tau = 1$$

11.4 Antennen

11.4.1 Frequenzbereiche*

Bereich	Langwelle	Mittelwelle	Kurzwelle	Fernsehbereich I	Ultrakurzwelle	unterer Sonderkanal	Fernsehbereich III	oberer Sonderkanal	Fernsehbereich IV/V	Satbereich
Kurzz.	LW	MW	KW	FI	UKW	USB	FIII	OSB	UHF	SHF
Kanäle	–	–	–	2…4	2…70	S2…S10	5…12	S11…S20	21…69	1…120
Frequenz	150… 285 kHz	520 … 1605 kHz	3,95 … 26,1 MHz	47 … 68 MHz	87,5 … 108 MHz	111 … 174 MHz	174 … 230 MHz	230 … 300 MHz	470… 862 MHz	10,7 … 12,75 GHz

* Die Frequenzbereiche werden durch die Bundesnetzagentur verwaltet und in einem Frequenzplan festgelegt. In der Praxis verwendet man weiterhin die Kurzzeichen der Bereiche, z. B. UKW.

11.4.2 Wellenlänge, Empfangsspannung, Wellenwiderstand

Wellenlänge elektromagnetischer Wellen im leeren Raum

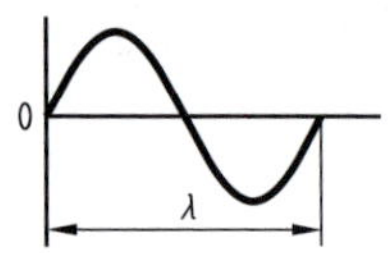

	λ Wellenlänge f Frequenz c Ausbreitungsgeschwindigkeit $c \approx 300000\ \frac{km}{s}$	$[\lambda] = \frac{m}{s} \cdot s = m$	$\lambda = \frac{c}{f}$
Empfangsspannung	U Empfangsspannung E Empfangsfeldstärke h wirksame Antennenlänge	$[U] = \frac{V}{m} \cdot m = V$	$U = E \cdot h$

Kenngrößen von Mehrelemente-Antennen

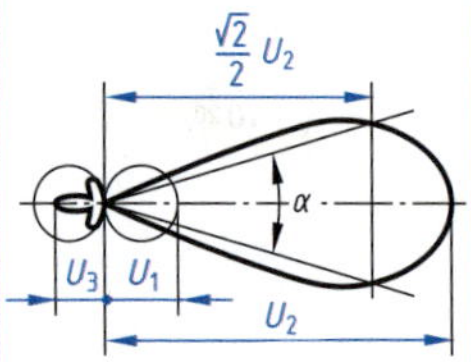

	U_1 Dipolspannung U_2 Empfangsspannung einer Mehrelemente-Antenne in Vorzugsrichtung G_{VR} Vor-Rück-Verhältnis G_A Antennengewinn U_3 Rückwärtige Spannung einer Mehrelemente-Antenne α Öffnungswinkel	$[G_A] = dB$ $[G_{VR}] = dB$	$G_A = 20 \lg \frac{U_2}{U_1}$ $G_{VR} = 20 \lg \frac{U_2}{U_3}$
Anpassungsvorschrift	R_i Antennenwiderstand Z_w Wellenwiderstand der Leitung R_e Eingangswiderstand des Empfängers		$R_i = Z_w = R_e$
Wellenwiderstand der Koaxleitung	Z_w Wellenwiderstand L' Induktivitätsbelag C' Kapazitätsbelag	$[Z_w] = \sqrt{\frac{Vs/Am}{As/Vm}} = \Omega$	$Z_w = \sqrt{\frac{L'}{C'}}$
Wellenwiderstand des leeren Raumes	μ_0 magnetische Feldkonstante ε_0 elektrische Feldkonstante Z_0 Wellenwiderstand des leeren Raumes	$Z_0 = \sqrt{\frac{1{,}26 \cdot 10^{-6}\ Vs/Am}{8{,}85 \cdot 10^{-12}\ Vs/Vm}} = 377\ \Omega$	$Z_0 = \sqrt{\frac{\mu_0}{\varepsilon_0}}$
Reflexionsfaktor der Leitung	r Reflexionsfaktor R_a Abschlusswiderstand Z_w Wellenwiderstand		$r = \frac{Ra - Z_w}{Ra + Z_w}$
Rückflussdämpfung der Leitung (ideale Anpassung: $r = 0$, $a = \infty$)	a Rückflussdämpfung r Reflexionsfaktor		$a = 20 \cdot \lg \frac{1}{r}$

11.4.3 Verstärkungen, Dämpfungen, Pegel

Verstärkungsfaktor, Dämpfungsfaktor

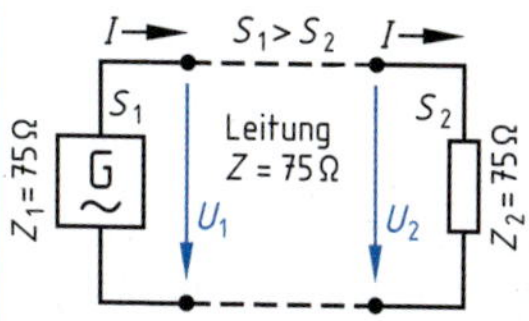

V_u Spannungsverstärkungsfaktor
U_1 Eingangsspannung
U_2 Ausgangsspannung
V_p Leistungsverstärkungsfaktor
P_1 aufgenommene Leistung
P_2 abgegebene Leistung
D_u Spannungsdämpfungsfaktor
D_p Leistungsdämpfungsfaktor

$$V_u = \frac{U_2}{U_1} \qquad V_p = \frac{P_2}{P_1}$$

$$D_u = \frac{U_1}{U_2} \qquad D_p = \frac{P_1}{P_2}$$

Verstärkungsmaß, Dämpfungsmaß

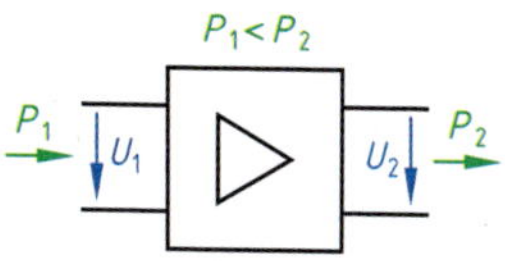

A_u Spannungsdämpfungsmaß in dB
U_1 Eingangsspannung in V
U_2 Ausgangsspannung in V
A_p Leistungsdämpfungsmaß in dB
P_1 aufgenommene Leistung in W
P_2 abgegebene Leistung in W
G_u Spannungsverstärkungsmaß in dB
G_p Leistungsverstärkungsmaß in dB
A_{ges} Gesamtdämpfungsmaß
A_1, A_2, A_3 Einzeldämpfungsmaße

$$A_u = 20 \cdot \lg \frac{U_1}{U_2} \qquad A_p = 10 \cdot \lg \frac{P_1}{P_2}$$

$$G_u = 20 \cdot \lg \frac{U_2}{U_1} \qquad G_p = 10 \cdot \lg \frac{P_2}{P_1}$$

$$A_{ges} = A_1 + A_2 + A_3 + \ldots$$

Pegel

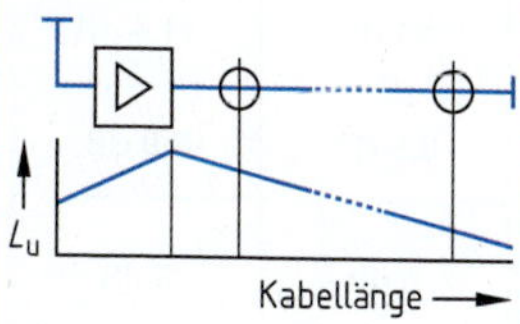

L_u Spannungspegel in dBµV
U Spannung in µV
U_0 Bezugsspannung 1 µV an 75 Ω
L_p Leistungspegel in dBmW
P Leistung in mW
P_0 Bezugsleistung 1 mW

$$L_u = 20 \cdot \lg \frac{U}{U_0}$$

$$U = U_0 \cdot 10^{\frac{L_u}{20}}$$

$$L_p = 10 \cdot \lg \frac{P}{P_0}$$

Absoluter Pegel: P_0 = 1 mW an 600 Ω; **Bezugsspannung bei Antennenanlagen:** U_0 = 1 µV an 75 Ω

Spannungsverhältnisse, Spannungs- und Pegelwerte

Spannungsverhältnisse			
Dämpfung		Verstärkung	
$\frac{U_1}{U_2}$	A_U in db	$\frac{U_2}{U_1}$	G_U in db
1	0	1	0
0,89	– 1	1,12	1
0,79	– 2	1,26	2
0,71	– 3	1,41	3
0,63	– 4	1,59	4
0,56	– 5	1,78	5
0,45	– 7	2,24	7
0,32	–10	3,16	10
0,18	–15	5,62	15
0,1	– 20	10	20
0,032	– 30	31,62	30
0,0032	– 50	316,23	50
0,00001	– 100	100 000	100

Spannungs- und Pegelwerte			
Pegel in dBµV	Spannung in µV U_0 = 1 µV	Pegel in dB	Spannung in V U_0 = 0,775 V
0	1	0	0,775
1	1,12	1	0,87
2	1,26	2	0,98
3	1,41	3	1,09
4	1,59	5	1,38
7	2,24	7	1,74
10	3,16	10	2,45
15	5,62	15	4,36
20	10	20	7,75
30	31,62	30	24,51
50	316,23	50	245,08
70	3 162,28	70	2 450,77
100	100 000,00	100	77 500,00

Mindest- und Höchstpegel an Antennensteckdosen

Art	Bereich, System	Frequenzbereich	Mindestpegel L_{min}	Höchstpegel L_{max}
Tonrundfunk	UKW (Stereo)	87,5 … 108 MHz	50 dBµV	70 dBµV
Fernsehrundfunk	FI, FIII, FIV/V	47 … 862 MHz	60 dBµV	80* dBµV
	DVB-S2	950 … 2150 MHz	47 dBµV	77 dBµV*
	SAT-ZF	950 … 2150 MHz	47 dBµV	77 dBµV*
	DVB-C	47 … 862 MHz	41** dBµV	74** dBµV
	DVB-T	174 … 230 MHz 470 … 862 MHz	35** dBµV	74 dBµV
	DVB-T2-HD	470 … 690 MHz	35** dBµV	74 dBµV

* 77 dBµV bei Systemen mit mehr als 20 Kanälen
** Je nach Modulation und/oder Code-Rate evtl. andere Werte

Antennensteckdosen, Antennenverteiler und Antennenabzweiger

Steckdose/ Verteiler	Dämpfungs- art	Frequenzbereich in MHz				
–	–	87,5 … 108 FM	174 … 230 VHF	470 … 862 UHF	950 … 2150 Sat-ZF	2150 … 2400 Sat-ZF
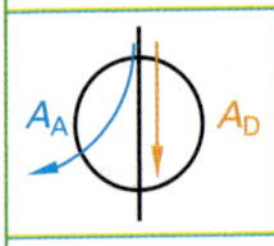	Anschluss- dämpfung A_A	10 dB	10 dB	10 dB	11 dB	11,5 dB
	Durchgangs- dämpfung A_D	2,4 dB	2,4 dB	2,4 dB	3,5 dB	3,9 dB
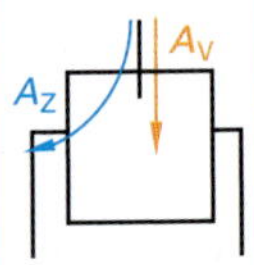	Verteiler- dämpfung A_V (2fach)	4 dB	4 dB	5 dB	6 dB	8 dB
	Abzweig- dämpfung A_Z (nur bei Abzweigern)	10 dB	10 dB	10 dB	11 dB	13 dB

Dämpfung von Koaxialkabeln (pro 100 m)

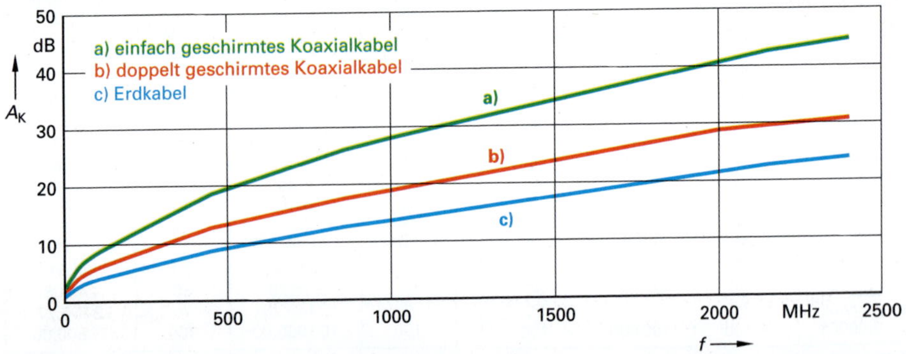

Pegelrechnung
Anlage mit Multischalter (Sternverkabelung)

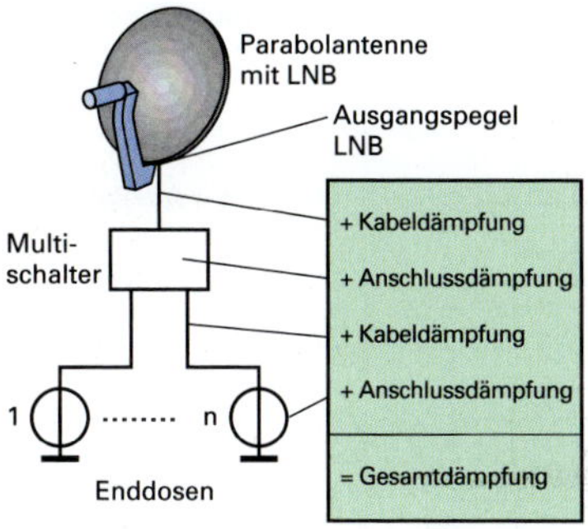

A_{ges} Gesamtdämpfung in dB
A_K Kabeldämpfung in dB
A_A Anschlussdämpfung in dB
L_a Ausgangspegel am LNB in dBµV
L_{min} Mindestpegel der Antennensteckdose in dBµV
L_{max} Höchstpegel an der Antennensteckdose in dBµV

$$A_{ges} = A_K + A_A$$

$$L_a - A_{ges} > L_{min}$$

$$L_a - A_{ges} < L_{max}$$

Pegelrechnung
Anlage mit Antennenverstärker (Baumnetz)

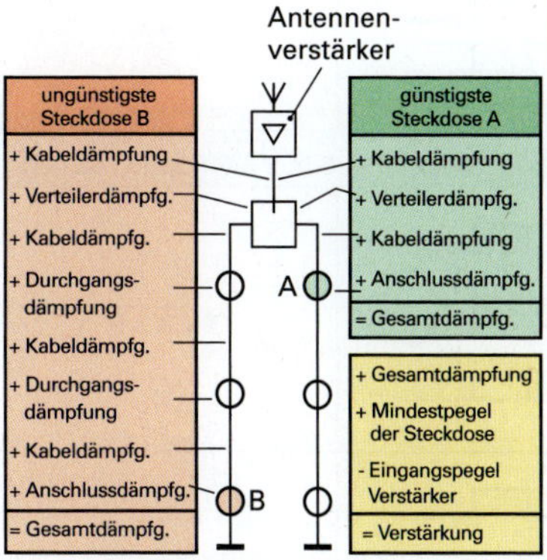

A_{ges} Gesamtdämpfung in dB
A_K Kabeldämpfung in dB
A_V Verteilerdämpfung in dB
A_A Anschlussdämpfung in dB
A_D Durchgangsdämpfung in dB
V_{min} Mindestverstärkung des Antennenverstärkers in dB
L_{min} Mindestpegel der Antennensteckdose in dBµV
L_e Eingangspegel des Antennenverstärkers in dBµV

$$A_{ges} = A_K + A_V + A_A + A_D$$

$$V_{min} = A_{ges} + L_{min} - L_e$$

$$L_e - A_{ges} > L_{min}$$

$$L_e - A_{ges} < L_{max}$$

11.4.4 Mechanische Sicherheit von Antennenanlagen

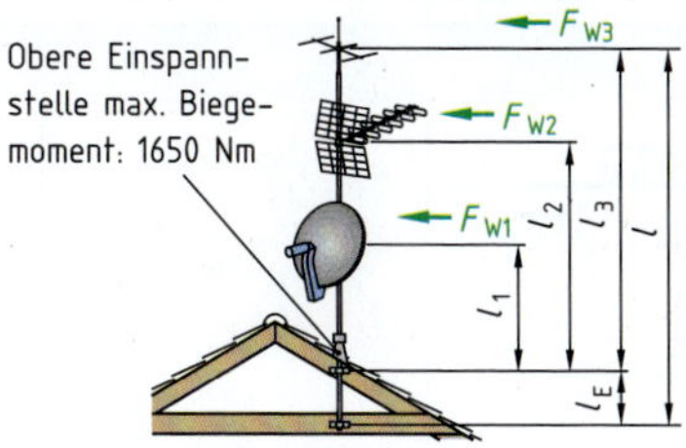

$$M_G = M_R + F_{W1} \cdot l_1 + F_{W2} \cdot l_2 + F_{W3} \cdot l_3$$

M_1, M_2 Biegemoment der Antennen
M_G Gesamtbiegemoment
M_R Eigenbiegemoment des Antennenstandrohres
l_E Einspannlänge
F_{W1}, F_{W2} Windlasten
$l_1, l_2, \ldots$ Abstände von der oberen Einspannstelle
l_G Gesamtlänge
F_{W20} Windlast > 20 m Grund

$$M_1 = F_{W1} \cdot l_1$$

$$M_G = M_R + M_1 + M_2 + \ldots$$

$$l_E \geq \frac{1}{6} \cdot l_G$$

Bei einer Antennenmontage in einer Höhe von mehr als 20 m über Grund gilt für alle angegebenen Windlasten:

$$F_{W20} = 1{,}37 \cdot F_W$$

11

Elektrische Anlagen

12 Digitaltechnik

12.1 Grundfunktionen

Schaltzeichen | Wertetabelle | Zeitablaufdiagramm | Funktionsgleichung

UND-Verknüpfung (Konjunktion)

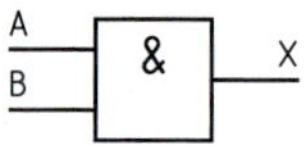

B	A	X
0	0	0
0	1	0
1	0	0
1	1	1

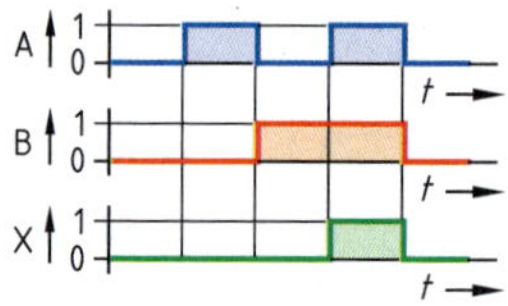

$X = A \wedge B$

ODER-Verknüpfung (Disjunktion)

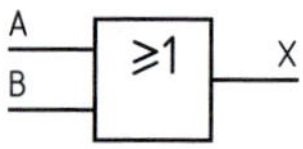

B	A	X
0	0	0
0	1	1
1	0	1
1	1	1

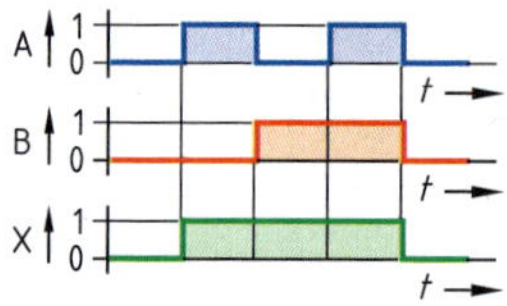

$X = A \vee B$

NICHT-Verknüpfung (Negation)

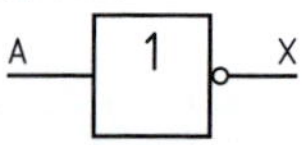

A	X
0	1
1	0

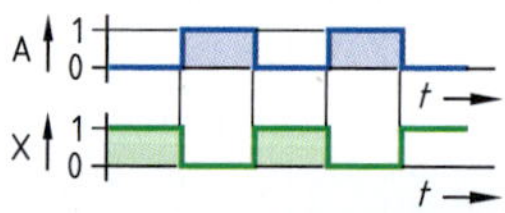

$X = \overline{A}$

12.2 Zusammengesetzte Funktionen

NAND-Verknüpfung

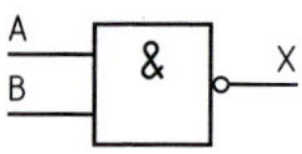

B	A	X
0	0	1
0	1	1
1	0	1
1	1	0

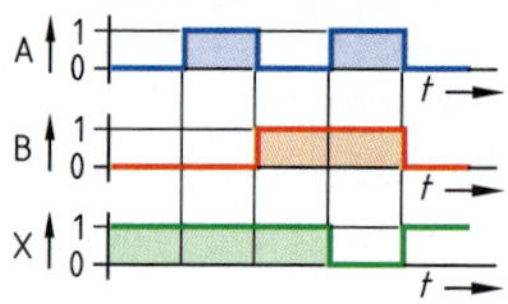

$X = \overline{A \wedge B}$

NOR-Verknüpfung

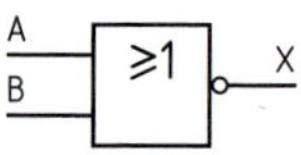

B	A	X
0	0	1
0	1	0
1	0	0
1	1	0

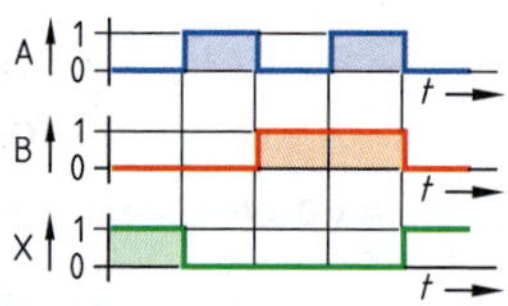

$X = \overline{A \vee B}$

12.3 Spezielle zusammengesetzte Funktionen

EXCLUSIV-ODER-Verknüpfung (Antivalenz, XOR)

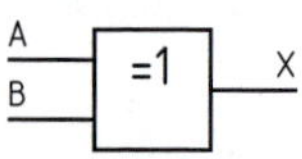

B	A	X
0	0	0
0	1	1
1	0	1
1	1	0

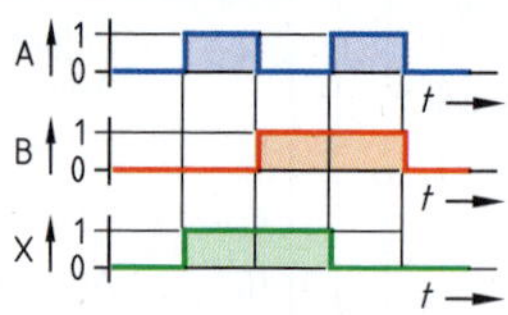

$X = (A \wedge \overline{B}) \vee (\overline{A} \wedge B)$

ÄQUIVALENZ-Verknüpfung

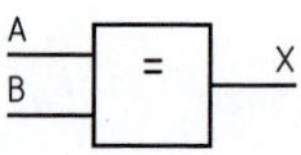

B	A	X
0	0	1
0	1	0
1	0	0
1	1	1

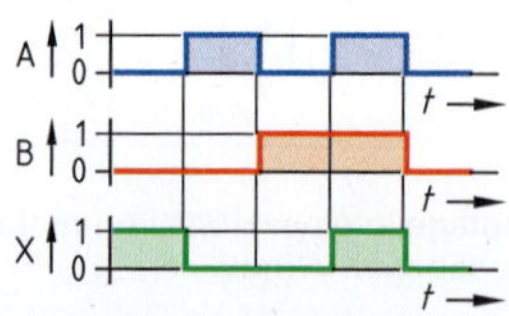

$X = (A \wedge B) \vee (\overline{A} \wedge \overline{B})$

Schaltzeichen | Wertetabelle | Zeitablaufdiagramm | Funktionsgleichung

INHIBIT-Verknüpfung

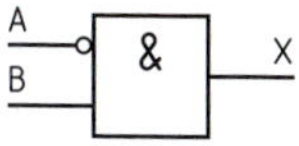

B	A	X
0	0	0
0	1	0
1	0	1
1	1	0

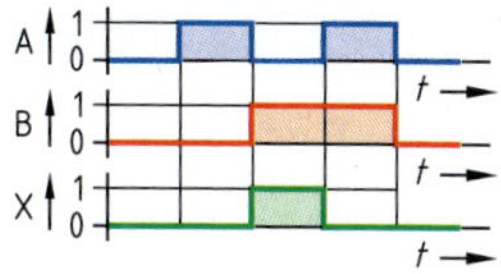

$X = \overline{A} \wedge B$

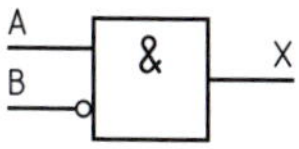

B	A	X
0	0	0
0	1	1
1	0	0
1	1	0

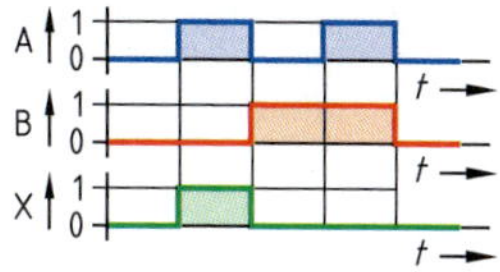

$X = A \wedge \overline{B}$

IMPLIKATION-Verknüpfung

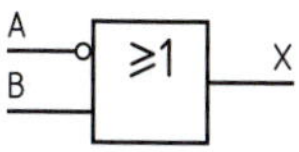

B	A	X
0	0	1
0	1	0
1	0	1
1	1	1

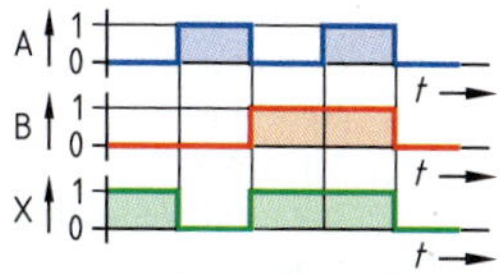

$X = \overline{A} \vee B$

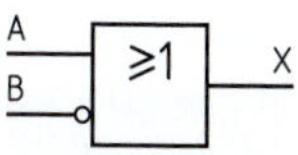

B	A	X
0	0	1
0	1	1
1	0	0
1	1	1

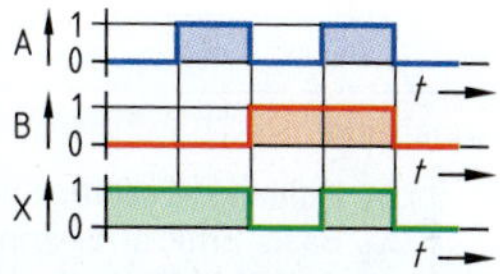

$X = A \vee \overline{B}$

12.4 Rechengesetze der Schaltalgebra

Reihenfolge der Rechenoperationen bei Gleichungen der Schaltalgebra:

1. NICHT-Verknüpfung
2. UND-Verknüpfung
3. ODER-Verknüpfung

Rechenregeln für eine Variable:

NICHT	UND	ODER
$\overline{\overline{A}} = A$	$A \wedge 0 = 0$	$A \vee 0 = A$
$\overline{\overline{\overline{A}}} = \overline{A}$	$A \wedge 1 = A$	$A \vee 1 = 1$
$\overline{\overline{\overline{\overline{A}}}} = A$	$A \wedge A = A$	$A \vee A = A$
	$A \wedge \overline{A} = 0$	$A \vee \overline{A} = 1$
	$\overline{A} \wedge A = 0$	$\overline{A} \vee A = 1$

Verknüpfungszeichen der Schaltalgebra:

Operation	NICHT	UND	ODER
Aussagelogik	–	∧	∨
Schaltalgebra	–	•	+

Kommutativgesetz (Vertauschungsgesetz)

$$A \wedge B = B \wedge A$$
$$A \vee B = B \vee A$$

De Morgan'sche Gesetze

$$\overline{A \wedge B} = \overline{A} \vee \overline{B} \qquad A \wedge B = \overline{\overline{A} \vee \overline{B}}$$
$$\overline{A \vee B} = \overline{A} \wedge \overline{B} \qquad A \vee B = \overline{\overline{A} \wedge \overline{B}}$$

Distributivgesetz (Verteilungsgesetz)

$$(A \wedge B) \vee (A \wedge C) = A \wedge (B \vee C)$$
$$(A \vee B) \wedge (A \vee C) = A \vee (B \wedge C)$$

Vereinfachung von schaltalgebraischen Ausdrücken

$$A \vee (A \wedge B) = A \wedge (1 \vee B) = A \wedge 1 = A$$
$$A \wedge (A \vee B) = (A \wedge A) \vee (A \wedge B) = A \vee (A \wedge B) = A$$
$$A \vee (\overline{A} \wedge B) = (A \vee \overline{A}) \wedge (A \vee B) = 1 \wedge (A \vee B) = A \vee B$$
$$A \wedge (\overline{A} \vee B) = (A \wedge \overline{A}) \vee (A \wedge B) = 0 \vee (A \wedge B) = A \wedge B$$
$$(A \wedge B) \vee (A \wedge \overline{B}) = A \wedge (B \vee \overline{B}) = A \wedge 1 = A$$
$$(A \vee B) \wedge (A \vee \overline{B}) = A \wedge (B \vee \overline{B}) = A \wedge 1 = A$$

Assoziativgesetz (Verbindungsgesetz)

$$A \wedge B \wedge C = (A \wedge B) \wedge C = A \wedge (B \wedge C) = (A \wedge C) \wedge B$$
$$A \vee B \vee C = (A \vee B) \vee C = A \vee (B \vee C) = (A \vee C) \vee B$$

13 Elektronik

13.1 Halbleiterdioden

Kennlinie

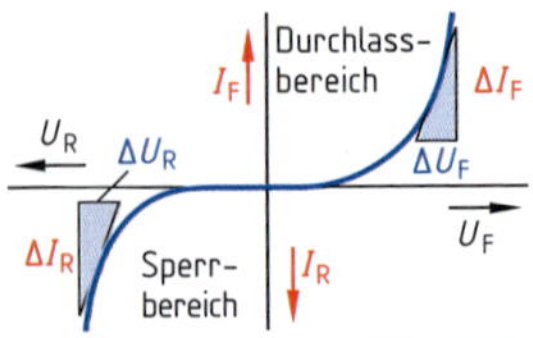

- U_F Durchlassspannung
- U_R Sperrspannung
- I_F Durchlassstrom
- I_R Sperrstrom
- R_F statischer Durchlasswiderstand
- R_R statischer Sperrwiderstand
- r_F differenzieller Durchlasswiderstand
- r_R differenzieller Sperrwiderstand

$$R_F = \frac{U_F}{I_F} \qquad r_F = \frac{\Delta U_F}{\Delta I_F}$$

$$R_R = \frac{U_R}{I_R} \qquad r_R = \frac{\Delta U_R}{\Delta I_R}$$

Diodenschaltung (Leuchtdioden, LED)

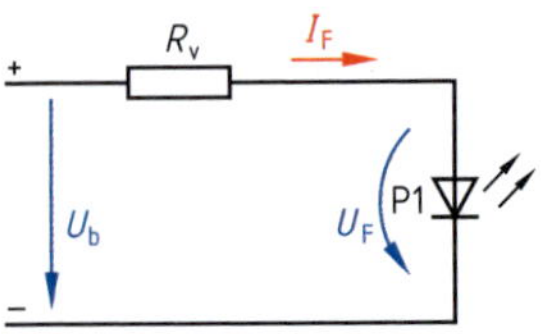

- U_b Anschlussspannung
- U_F Durchlassspannung
- U_R Sperrspannung
- I_F Durchlassstrom
- I_R Sperrstrom
- R_v Vorwiderstand
- P_{tot} max. zul. Verlustleistung

Der Index max gibt den jeweiligen Höchstwert an.

$$R_v = \frac{U_b - U_F}{I_F}$$

$$P_{tot} = I_{F\,max} \cdot U_{F\,max}$$

$$U_{R\,max} \geq U_{b\,max}$$

Gleichrichterschaltungen: Seite 53

13.2 Bipolarer Transistor

Gleichstromgrößen in Emitterschaltung

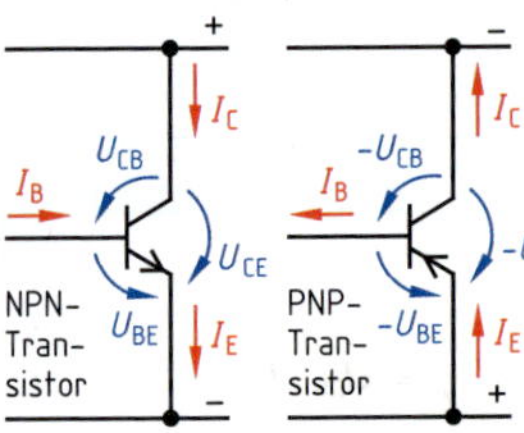

- U_{CE} Kollektor-Emitter-Spannung
- U_{BE} Basis-Emitter-Spannung
- U_{CB} Kollektor-Basis-Spannung
- I_C Kollektorstrom
- I_E Emitterstrom
- I_B Basisstrom
- P_{tot} max. zul. Verlustleistung
- P_v Verlustleistung
- B Gleichstromverhältnis (Verstärkung)

$$U_{CE} = U_{CB} + U_{BE}$$
$$I_E = I_C + I_B$$
$$P_v = U_{CE} \cdot I_C$$
$$P_v < P_{tot}$$
$$B = \frac{I_C}{I_B}$$

Arbeitspunkteinstellung durch Basisvorwiderstand

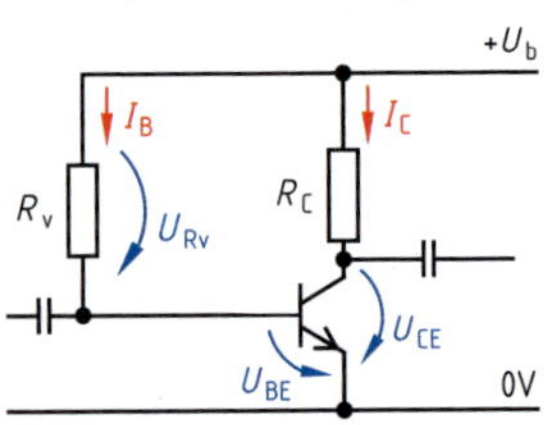

- U_{Rv} Spannung am Basisvorwiderstand
- U_b Betriebsspannung
- U_{BE} Basis-Emitter-Spannung
- U_{CE} Kollektor-Emitter-Spannung
- I_B Basisstrom
- I_C Kollektorstrom
- R_C Kollektorwiderstand
- R_v Basisvorwiderstand
- B Gleichstromverhältnis

$$U_{Rv} = U_b - U_{BE}$$
$$U_{Rv} = I_B \cdot R_v$$
$$R_v = \frac{U_b - U_{BE}}{I_B}$$
$$R_v = \frac{(U_b - U_{BE}) \cdot B}{I_C}$$
$$R_C = \frac{U_b - U_{CE}}{I_C}$$

Arbeitspunkteinstellung durch Basisspannungsteiler

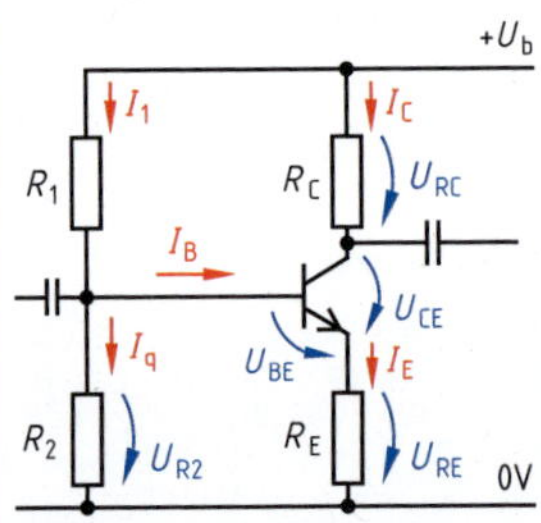

- U_b Betriebsspannung
- U_{RE} Spannung an R_E
- U_{R2} Spannung an R_2
- I_B Basisstrom
- I_C Kollektorstrom
- I_q Querstrom
- q Querstromverhältnis ($q = 3$ bis 10)
- R_C Kollektorwiderstand
- R_E Emitterwiderstand
- R_1, R_2 Basisspannungsteilerwiderstände
- m Widerstandsverhältnis ($m = 5$ bis 10)

$$R_1 = \frac{U_b - U_{R2}}{I_B + I_q}$$

$$R_2 = \frac{U_{R2}}{I_q} \qquad R_E \approx \frac{U_{RE}}{I_C}$$

$$R_C = \frac{U_b - U_{CE} - U_{RE}}{I_C}$$

$$m = \frac{R_C}{R_E} \qquad q = \frac{I_q}{I_B}$$

Verstärker in Emitterschaltung
(Wechselstromersatzschaltung)

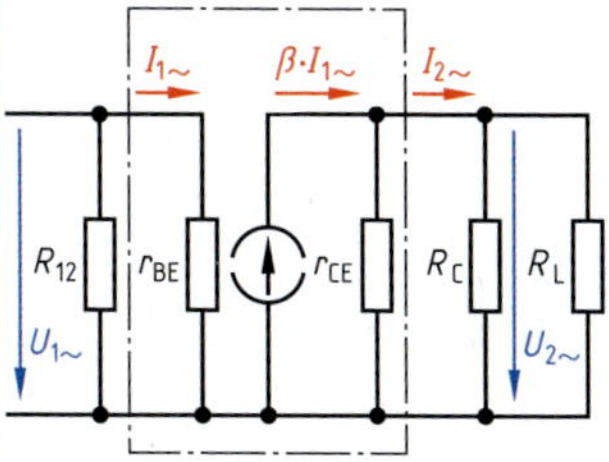

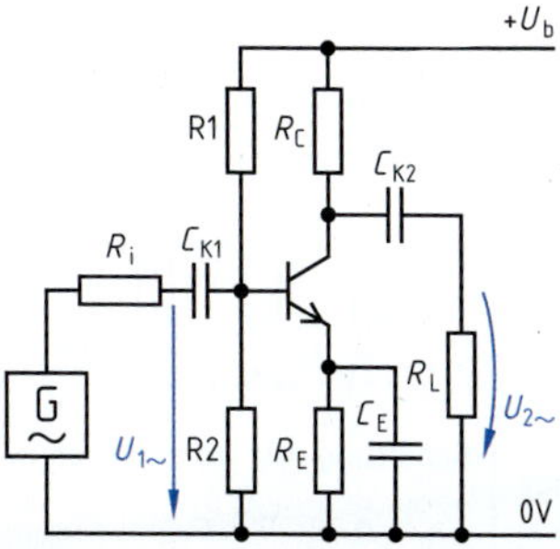

R_C	Kollektorwiderstand
R_L	Lastwiderstand der Stufe
R_{12}	Ersatzwiderst. Spg.teiler
R_1, R_2	Spannungsteilerwiderstände
R_i	Innenwiderstand der Signalspannungsquelle
Z_L	Gesamtlastwiderst. der Stufe
Z_e	Wechselstrom-Eingangswiderstand der Stufe
Z_a	Wechselstrom-Ausgangswiderstand der Stufe
r_{BE}	Eingangswiderstand des Transistors (h_{11e})
r_{CE}	Ausgangswiderstand des Transistors ($1/h_{22e}$)
V_u	Spannungsverstärkungsfaktor
V_i	Stromverstärkungsfaktor
V_p	Leistungsverstärkungsfaktor
β	Kurzschluss-Stromverstärkungsfaktor (h_{21e})
$U_{1\sim}$	Eingangswechselspannung
$U_{2\sim}$	Ausgangswechselspannung
$I_{1\sim}$	Eingangswechselstrom
$I_{2\sim}$	Ausgangswechselstrom
f_{ct}	untere Grenzfrequenz der Verstärkerschaltung
f_c	Grenzfrequenz des einzelnen Hochpasses
n	Anzahl der Hochpässe
C_E	Emitterkondensator
C_{K1}	Eingangskondensator
C_{K2}	Ausgangskondensator

$$R_{12} = \frac{R_1 \cdot R_2}{R_1 + R_2}$$

$$Z_e = \frac{R_{12} \cdot r_{BE}}{R_{12} + r_{BE}} \qquad Z_a = \frac{r_{CE} \cdot R_C}{r_{CE} + R_C}$$

$$Z_L = \frac{R_C \cdot R_L}{R_C + R_L}$$

Bei $R_L = \infty$ ist $Z_L = R_C$

$$V_i = \frac{I_{2\sim}}{I_{1\sim}} \qquad V_i = \beta \cdot \frac{r_{CE}}{r_{CE} + Z_L}$$

$$V_u = \frac{U_{2\sim}}{U_{1\sim}} \qquad V_u = \frac{\beta \cdot r_{CE} \cdot Z_L}{r_{BE} \cdot (r_{CE} + Z_L)}$$

$$V_u = V_i \cdot \frac{Z_L}{r_{BE}} \qquad V_p = V_i \cdot V_u$$

$$f_{ct} \approx \sqrt{n \cdot f_c}$$

$$C_{K1} = \frac{1}{2 \cdot \pi \cdot f_{ct} \cdot (R_i + Z_e)}$$

$$C_E = \frac{\beta}{2 \cdot \pi \cdot f_{ct} \cdot (r_{BE} + R_i)}$$

$$C_{K2} = \frac{1}{2 \cdot \pi \cdot f_{ct} \cdot (Z_a + R_L)}$$

13.3 Feldeffekttransistor

Gleichstromgrößen

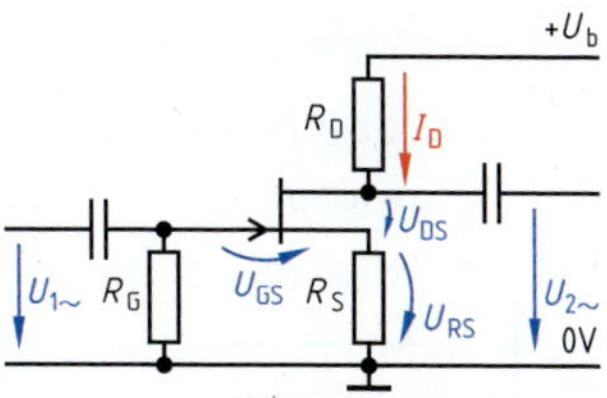

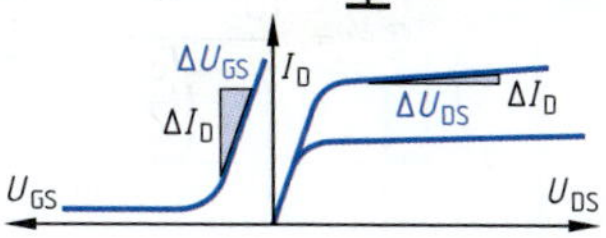

P_v	Verlustleistung
U_{GS}	Gate-Source-Spannung
U_b	Betriebsspannung
ΔU_{GS}	Gate-Source-Spannungsänderung
ΔU_{DS}	Drain-Source-Spannungsänderung
I_D	Drainstrom
I_{GSS}	Gate-Source-Reststrom
ΔI_D	Drainstromänderung
R_D	Drainwiderstand
R_S	Sourcewiderstand
R_G	Gatewiderstand
r_{DS}	Drain-Source-Wechselstromwiderstand (diff. Ausgangswiderstand)
S	Steilheit

$$P_v = U_{DS} \cdot I_D$$

$$R_D = \frac{U_b - U_{DS} - U_{RS}}{I_D}$$

$$R_G = \frac{0{,}5\ \text{V}}{I_{GSS}}$$

$$R_S = \frac{U_{RS}}{I_D} \qquad U_{RS} = -U_{GS}$$

U_{DS} konstant: $$S = \frac{\Delta I_D}{\Delta U_{GS}}$$

U_{GS} konstant: $$r_{DS} = \frac{\Delta U_{DS}}{\Delta I_D}$$

Verstärker in Sourceschaltung

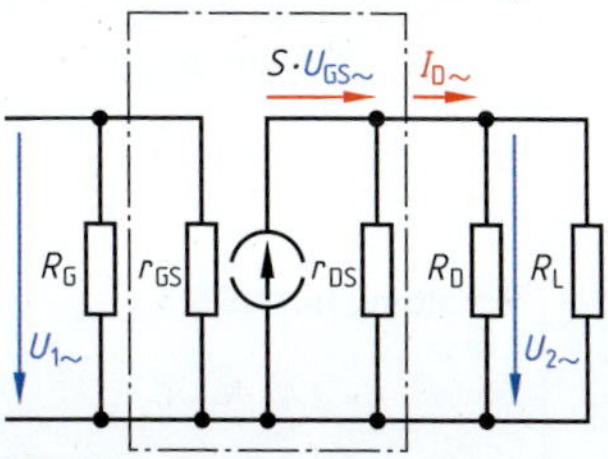

Z_L	Gesamtwiderstand der Stufe
R_D	Drainwiderstand
R_L	Lastwiderstand der Verstärkerstufe
V_u	Spannungsverstärkungsfaktor
$U_{1\sim}$	Eingangswechselspannung $U_{GS\sim}$
$U_{2\sim}$	Ausgangswechselspannung
S	Steilheit
U_{GS}	Gate-Source-Spannung
r_{DS}	Drain-Source-Wechselstromwiderstand

$$Z_L = \frac{R_D \cdot R_L}{R_D + R_L}$$

$$V_u = \frac{U_{2\sim}}{U_{1\sim}} = \frac{U_{2\sim}}{U_{GS\sim}}$$

$$V_u = \frac{S \cdot r_{DS} \cdot Z_L}{r_{DS} + Z_L}$$

13

Elektronik

13.4 Transistor als Schalter

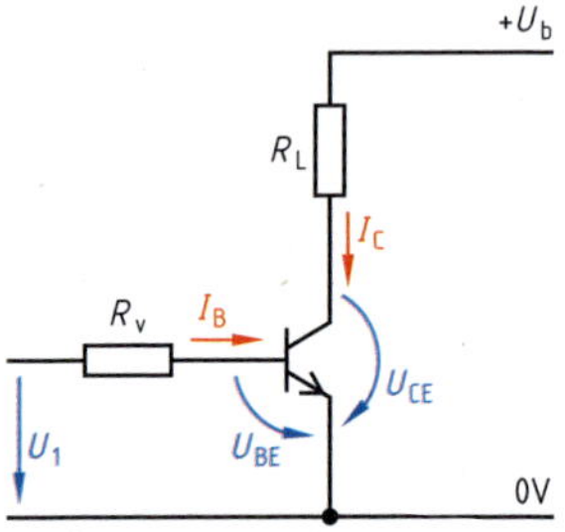

I_C	Kollektorstrom
I_B	Basisstrom
$I_{B\,min}$	minimaler Basisstrom
U_b	Betriebsspannung
U_1	Eingangsspannung
U_{BE}	Basis-Emitter-Spannung
U_{CEsat}	Kollektor-Emitter-Sättigungsspannung
$ü$	Übersteuerungsfaktor (2 ... 5)
R_v	Basisvorwiderstand
R_L	Lastwiderstand
B_{min}	minimale Stromverstärkung

$$I_C = \frac{U_b - U_{CEsat}}{R_L}$$

$$I_{B\,min} = \frac{I_C}{B_{min}}$$

$$I_B = ü \cdot I_{B\,min}$$

$$I_B = \frac{ü \cdot I_C}{B_{min}}$$

$$R_v = \frac{(U_1 - U_{BE}) \cdot B_{min}}{ü \cdot I_C}$$

13.5 Kippschaltungen

Astabile Kippschaltung

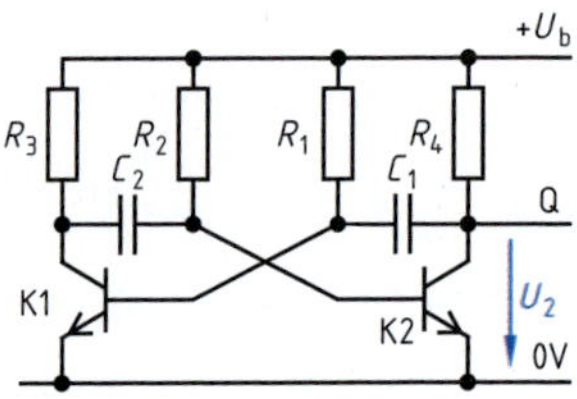

Schaltung mit NE 555

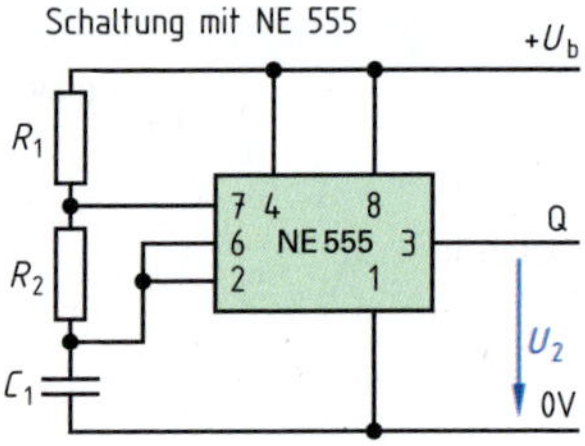

t_p	Pausendauer
t_i	Impulsdauer
R_1, R_2	Basisvorwiderstände
C_1, C_2	Kapazität der Rückkopplungskondensatoren
T	Pulsperiodendauer
g	Tastgrad
f	Taktfrequenz

R_1, R_2	Ladewiderstände
C_1	Kapazität des Ladekondensators
t_i	Impulsdauer
t_p	Pausendauer

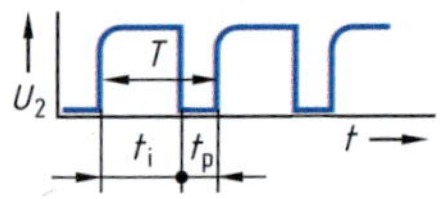

Schaltung mit Transistoren

$$t_p = 0{,}69 \cdot R_1 \cdot C_1$$

$$t_i = 0{,}69 \cdot R_2 \cdot C_2$$

$$T = t_p + t_i\,; \qquad g = \frac{t_i}{T}$$

$$f = \frac{1}{0{,}69 \cdot (R_1 \cdot C_1 + R_2 \cdot C_2)}$$

Schaltung mit NE 555

$$t_i = 0{,}69 \cdot (R_1 + R_2) \cdot C_1$$

$$t_p = 0{,}69 \cdot R_2 \cdot C_1$$

$$T = 0{,}69 \cdot (R_1 + 2 \cdot R_2) \cdot C_1$$

Monostabile Kippschaltung

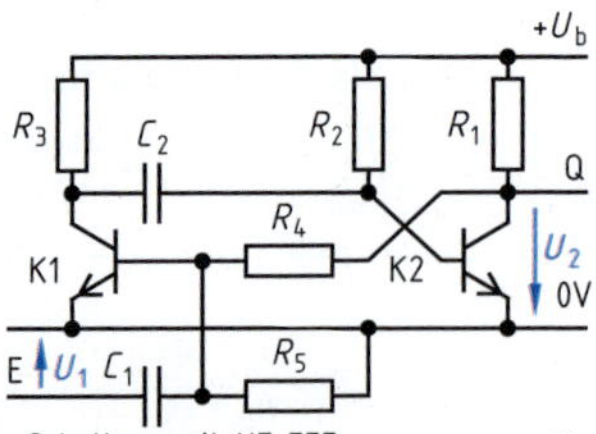

Schaltung mit NE 555

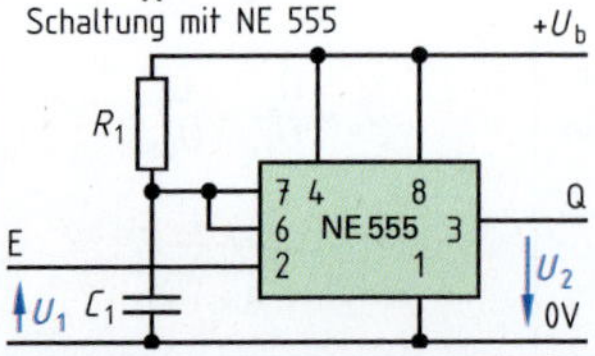

t_i	Impulsdauer
t_p	Pausendauer
R_2	Ladewiderstand für Impulsdauer
R_3	Ladewiderstand für Pausendauer
C_2	Kapazität des Ladekondensators

R_1	Ladewiderstand
C_1	Kapazität des Ladekondensators
t_i	Impulsdauer

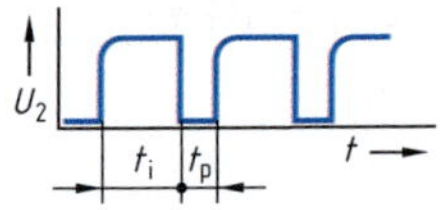

Schaltung mit Transistoren

$$t_i = 0{,}69 \cdot R_2 \cdot C_2$$

$$t_p \geq 5 \cdot R_3 \cdot C_2$$

Schaltung mit NE 555

$$t_i = 1{,}1 \cdot R_1 \cdot C_1$$

Schmitt-Trigger

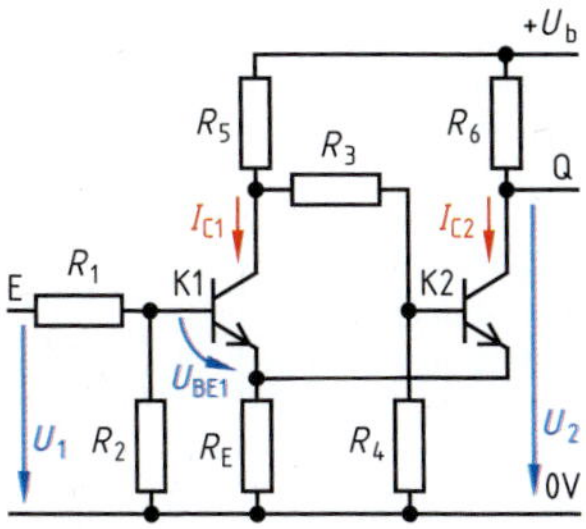

U_{1e}	Einschaltspannung
U_{1a}	Ausschaltspannung
ΔU_1	Schaltdifferenz (Hysterese)
U_{BE1}	Basis-Emitter-Spannung des Transistors K1
I_{C1}	Kollektorstrom des Transistors K1
I_{C2}	Kollektorstrom des Transistors K2
R_E	Emitterwiderstand

$$U_{1e} = I_{C2} \cdot R_E + U_{BE1}$$

$$U_{1a} = I_{C1} \cdot R_E + U_{BE1}$$

$$\Delta U_1 = U_{1e} - U_{1a}$$

$$\Delta U_1 = (I_{C2} - I_{C1}) \cdot R_E$$

Schmitt-Trigger mit SN 74132

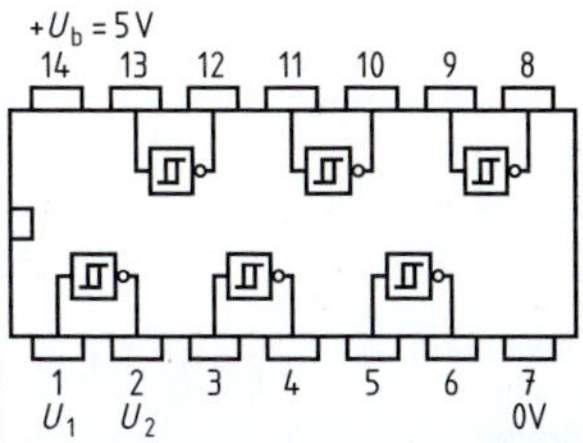

ΔU_1	Schaltdifferenz (Hysterese)
U_b	Betriebsspannung (5 V)
U_{1e}	Einschaltspannung
U_{1a}	Ausschaltspannung
U_{2H}	High-Ausgangsspannung 3,4 V Ausschaltschwelle $U_1 < 0{,}9$ V
U_{2L}	Low-Ausgangsspannung 0,2 V Einschaltschwelle $U_1 > 1{,}7$ V

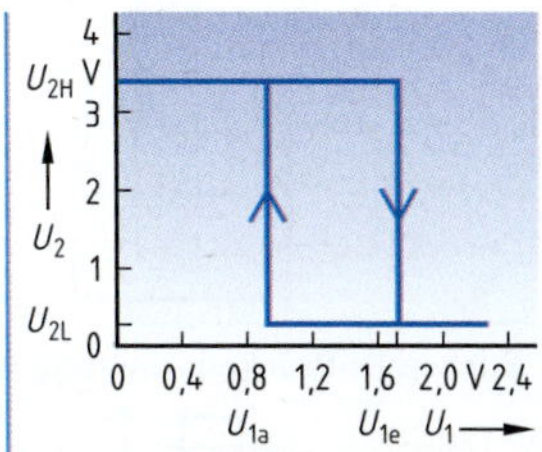

$$\Delta U_1 = U_{1e} - U_{1a}$$

13.6 Gleichrichterschaltungen

Ungesteuerte Gleichrichterschaltungen für Wechselstrom

Einpuls-Einwegschaltung (E1U)

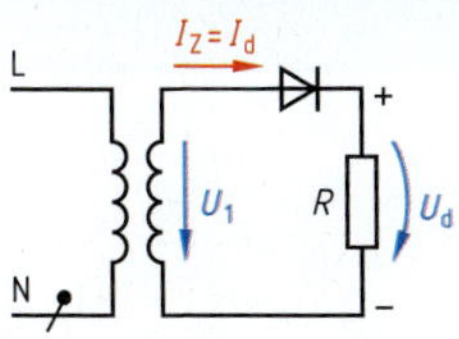

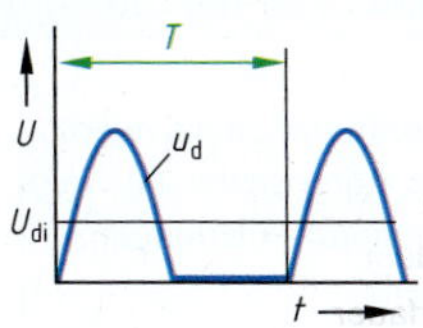

U_1	Anschlussspannung
U_{di}	ideelle Leerlauf-Gleichspannung
I_d	Gleichstrom
I_Z	Strom im Gleichrichterzweig
P_T	Transformator-Bauleistung
P_d	Gleichstromleistung
U_d	Gleichspannung an der Last

$$\frac{U_{di}}{U_1} = 0{,}45$$

$$\frac{P_T}{P_d} = 3{,}1$$

$$\frac{I_Z}{I_d} = 1$$

Zweipuls-Mittelpunktschaltung (M2U)

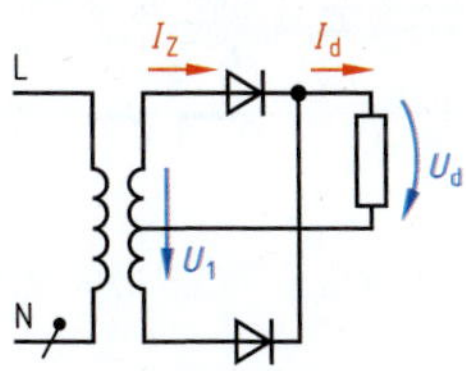

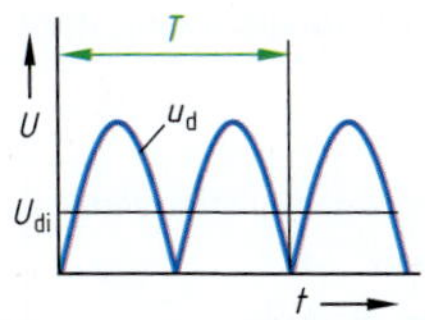

U_1	Anschlussspannung
U_{di}	ideelle Leerlauf-Gleichspannung
I_d	Gleichstrom
I_Z	Strom im Gleichrichterzweig
P_T	Transformator-Bauleistung
P_d	Gleichstromleistung
U_d	Gleichspannung an der Last

$$\frac{U_{di}}{U_1} = 0{,}45$$

$$\frac{P_T}{P_d} = 1{,}5$$

$$\frac{I_Z}{I_d} = \frac{1}{2}$$

Zweipuls-Brückenschaltung (B2U)

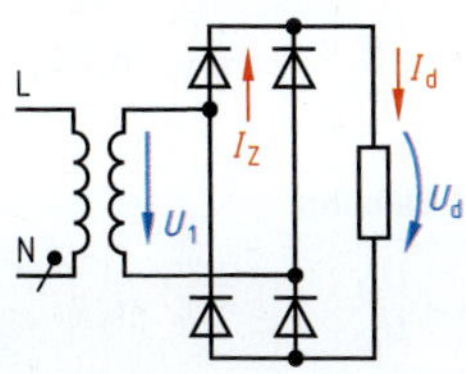

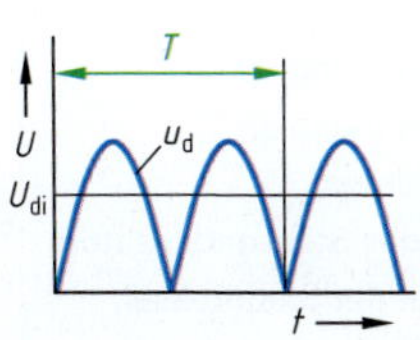

U_1	Anschlussspannung
U_{di}	ideelle Leerlauf-Gleichspannung
I_d	Gleichstrom
I_Z	Strom im Gleichrichterzweig
P_T	Transformator-Bauleistung
P_d	Gleichstromleistung
U_d	Gleichspannung an der Last

$$\frac{U_{di}}{U_1} = 0{,}9$$

$$\frac{P_T}{P_d} = 1{,}23$$

$$\frac{I_Z}{I_d} = \frac{1}{2}$$

Ungesteuerte Gleichrichterschaltungen für Drehstrom

Dreipuls-Mittelpunktschaltung (M3U)

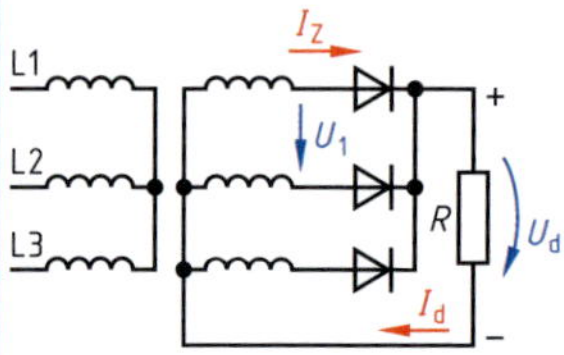

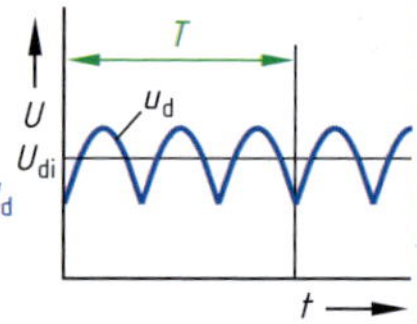

- U_1 Anschlussspannung
- U_{di} ideelle Leerlauf-Gleichspannung
- I_d Gleichstrom
- I_Z Strom im Gleichrichterzweig
- P_T Transformator-Bauleistung
- P_d Gleichstromleistung
- U_d Gleichspannung an der Last

$$\frac{U_{di}}{U_1} = 0{,}675$$

$$\frac{P_T}{P_d} = 1{,}5$$

$$\frac{I_Z}{I_d} = \frac{1}{3}$$

Doppel-Dreipuls-Mittelpunktschaltung (M3U2P)

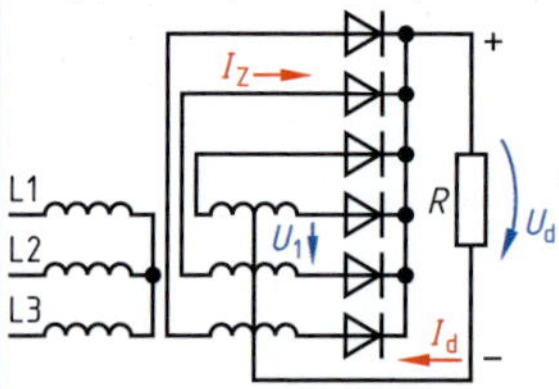

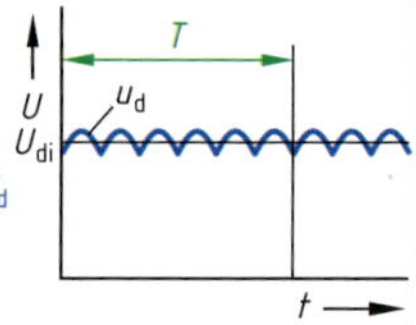

- U_1 Anschlussspannung
- U_{di} ideelle Leerlauf-Gleichspannung
- I_d Gleichstrom
- I_Z Strom im Gleichrichterzweig
- P_T Transformator-Bauleistung
- P_d Gleichstromleistung
- U_d Gleichspannung an der Last

$$\frac{U_{di}}{U_1} = 0{,}78$$

$$\frac{P_T}{P_d} = 1{,}3$$

$$\frac{I_Z}{I_d} = \frac{1}{6}$$

Sechspuls-Brückenschaltung (B6U)

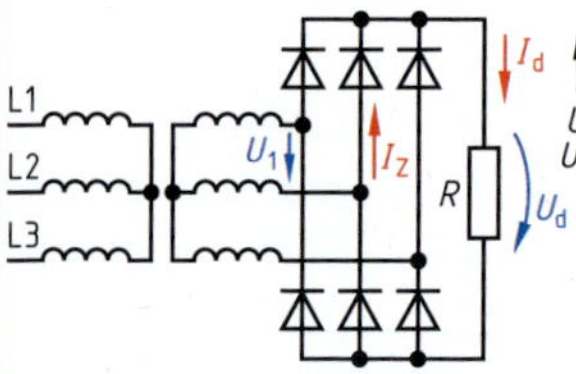

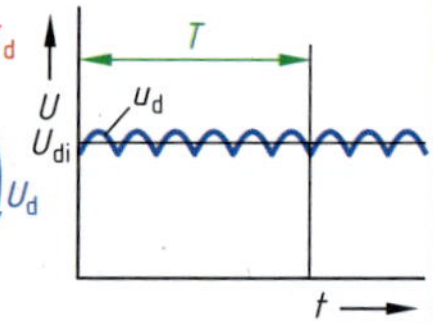

- U_1 Anschlussspannung
- U_{di} ideelle Leerlauf-Gleichspannung
- I_d Gleichstrom
- I_Z Strom im Gleichrichterzweig
- P_T Transformator-Bauleistung
- P_d Gleichstromleistung
- U_d Gleichspannung an der Last

$$\frac{U_{di}}{U_1} = 1{,}35$$

$$\frac{P_T}{P_d} = 1{,}1$$

$$\frac{I_Z}{I_d} = \frac{1}{3}$$

13.7 Glättung und Siebung der gleichgerichteten Spannung

Glättung

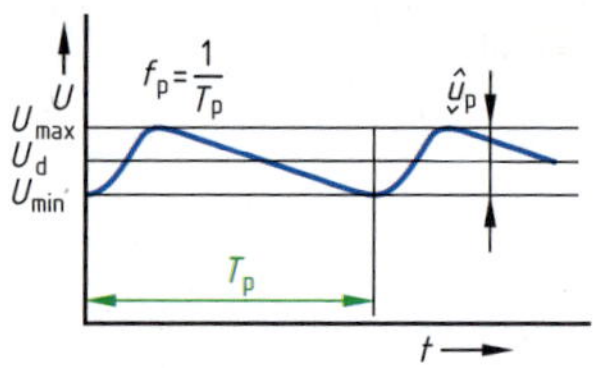

- U_p Brummspannung (Effektivwert)
- $\hat{\check{u}}_p$ Brummspannung (Spitze-Tal-Wert)
- f_p Brummfrequenz (Pulsfrequenz)
- f Netzfrequenz
- z_p Pulszahl je Periode
- T_p Periodendauer von U_p
- I_d Gleichstrom
- C_G Kapazität (Glättungskondensator)

$$U_p = \frac{\hat{\check{u}}_p}{2 \cdot \sqrt{3}}$$

$$f_p = f \cdot z_p \qquad T_p = \frac{1}{f_p}$$

$$C_G = \frac{0{,}75 \cdot I_d}{f_p \cdot \hat{\check{u}}_p}$$

Siebung

RC-Siebung

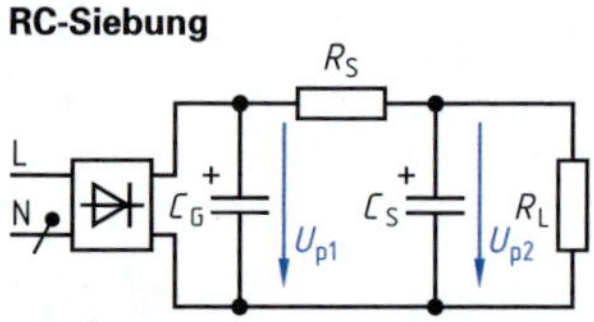

LC-Siebung

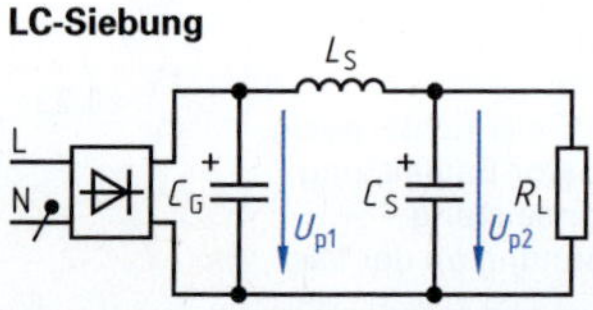

- f_p Brummfrequenz (Pulsfrequenz)
- f Netzfrequenz
- z_p Pulszahl pro Periode
- ω_p Pulskreisfrequenz
- s Siebfaktor
- U_{p1} Brummspannung an C_G
- U_{p2} Brummspannung an C_S
- R_s Siebwiderstand
- C_s Kapazität des Siebkondensators
- L_s Induktivität der Siebdrossel

$$f_p = f \cdot z_p \qquad \omega_p = 2\,\pi \cdot f_p$$

RC-Siebung

$$s = \frac{U_{p1}}{U_{p2}} \qquad s = \omega_p \cdot R_s \cdot C_s$$

LC-Siebung

$$s = \frac{U_{p1}}{U_{p2}} \qquad s = \omega_p^2 \cdot L_s \cdot C_s$$

13.8 Spannungsstabilisierung

Spannungsstabilisierung mit Z-Diode

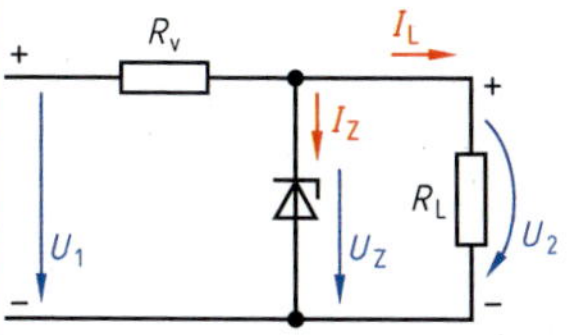

- P_{tot} Verlustleistung
- U_1 Eingangsspannung
- U_Z Ausgangsspannung (Z-Spannung)
- I_Z Z-Strom
- I_L Laststrom
- R_v Vorwiderstand

$$P_{tot} = U_Z \cdot I_{Z\,max}$$

$$R_{v\,min} = \frac{U_{1\,max} - U_Z}{I_{Z\,max} + I_{L\,min}}$$

$$R_{v\,max} = \frac{U_{1\,min} - U_Z}{I_{Z\,min} + I_{L\,max}}$$

$$I_{Z\,min} \approx 0{,}1 \cdot I_{Z\,max}$$

Spannungsstabilisierung mit Reihentransistor

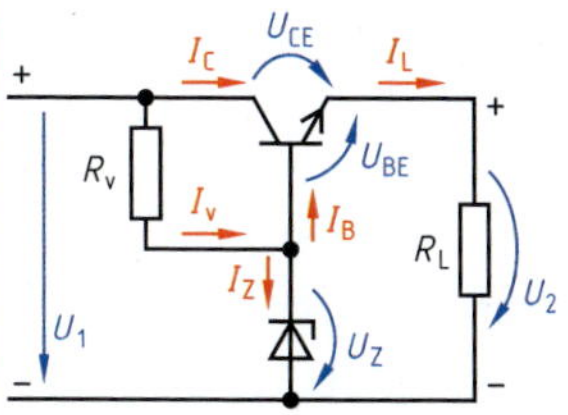

- U_1 Eingangsspannung
- U_2 Ausgangsspannung
- U_{BE} Basis-Emitter-Spannung
- U_{CE} Kollektor-Emitter-Spannung
- U_Z Z-Spannung
- I_Z Z-Strom
- I_C Kollektorstrom
- I_L Laststrom
- I_B Basisstrom
- R_v Vorwiderstand
- R_L Lastwiderstand
- B Gleichstromverhältnis
- P_v Verlustleistung des Transistor

$$U_2 = U_Z - U_{BE} \qquad I_L = B \cdot I_B$$

$$R_{L\,min} = \frac{U_2}{I_{C\,max}}$$

$$R_v = \frac{U_1 - U_Z}{I_Z + I_B}$$

$$P_v = U_{CE} \cdot I_C$$

$$U_{1\,max} = R_v \cdot (I_{Z\,max} + I_B) + U_Z$$

Spannungsstabilisierung mit LM 317 (einstellbarer Spannungsregler)

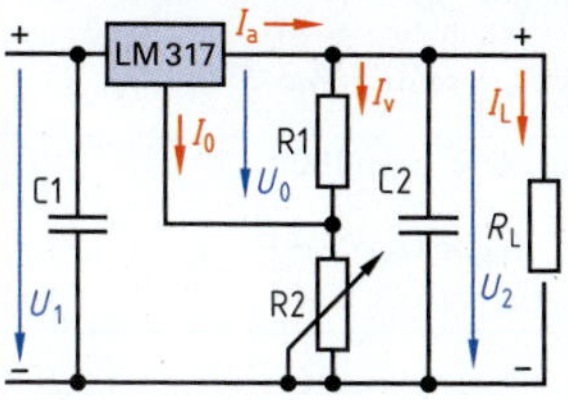

- U_0 Referenzspannung (1,25 V)
- U_1 Eingangsspannung
- U_2 Ausgangsspannung
- R_1, R_2 Spannungsteilerwiderstände (R_1 = 240 Ω)
- I_a Ausgangsstrom
- I_0 Referenzstrom
- I_L Laststrom
- I_v Vorstrom (≥ 5 mA)
- P_v Verlustleistung des Spannungsreglers

$$U_2 = U_0 + \frac{R_2 \cdot U_0}{R_1} + I_0 \cdot R_2$$

$$R_2 = \frac{U_2 - U_0}{I_v + I_0}$$

$$I_L = I_a - I_v$$

$$P_v = I_a \cdot (U_1 - U_2)$$

Spannungsstabilisierungsfaktor

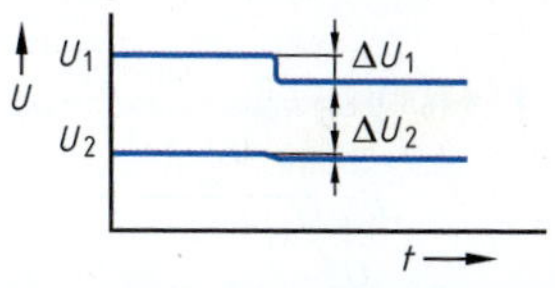

- S Spannungsstabilisierungsfaktor
- U_1 Eingangsspannung
- U_2 Ausgangsspannung
- ΔU_1 Eingangsspannungsschwankung
- ΔU_2 Ausgangsspannungs-Restschwankung

$$S = \frac{\Delta U_1 \cdot U_2}{\Delta U_2 \cdot U_1}$$

13.9 Kühlung von elektronischen Halbleiterbauelementen

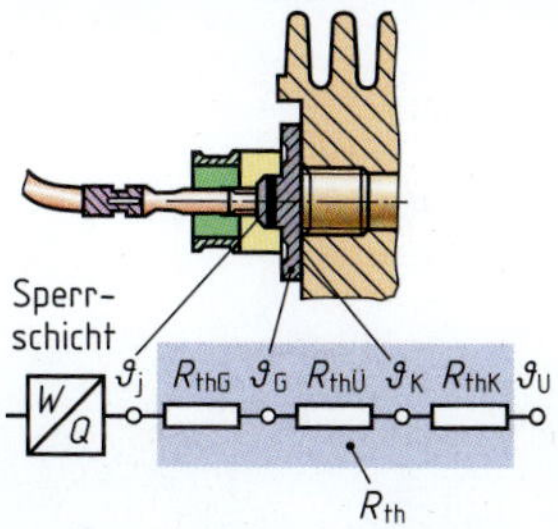

- R_{th} therm. Widerstand $[R_{th}] = \frac{K}{W}$
- $\Delta\vartheta$ Temperaturänderung
- P_v Verlustleistung
- R_{thG} therm. Widerstand zwischen Sperrschicht und Gehäuse
- $R_{thÜ}$ therm. Widerstand zwischen Gehäuse und Kühlkörper (Übergangswiderstand)
- R_{thK} therm. Widerstand zwischen Kühlkörper und Kühlmittel
- ϑ_j Sperrschichttemperatur
- ϑ_U Umgebungstemperatur

$$R_{th} = R_{thG} + R_{thÜ} + R_{thK}$$

$$R_{th} = \frac{\Delta\vartheta}{P_v}$$

$$R_{thK} \le \frac{\vartheta_j - \vartheta_U}{P_v} - R_{thG} - R_{thÜ}$$

$\vartheta_j > \vartheta_U$

$$P_v = \frac{\vartheta_j - \vartheta_U}{R_{th}}$$

13.10 Leistungselektronik

Gesteuerte Gleichrichterschaltungen für Wechsel- und Drehstrom

Halbgesteuerte Zweipuls-Brückenschaltung (B2H)

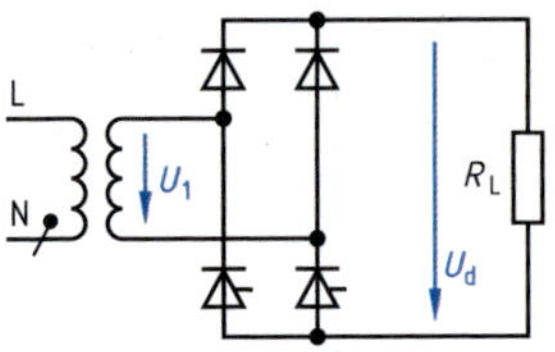

- α Zündwinkel
- $U_{d\alpha}$ Gleichspannung (arith. Mittelwert) bei $\alpha \neq 0°$
- U_{d0} Gleichspannung bei $\alpha = 0°$
- U_1 Anschlussspannung (Effektivwert)

$$U_{d0} = 0{,}9 \cdot U_1$$

$$U_{d\alpha} = U_{d0} \cdot \frac{1 + \cos\alpha}{2}$$

Vollgesteuerte Sechspuls-Brückenschaltung (B6C)

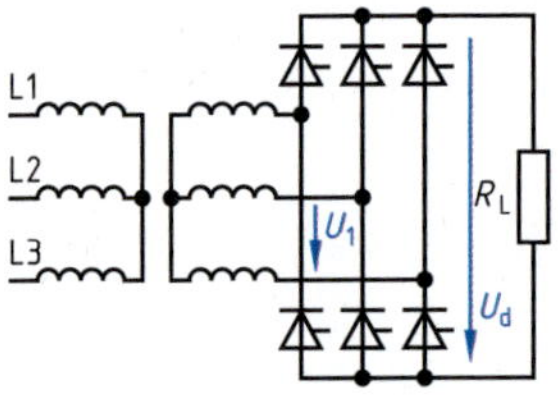

- α Zündwinkel
- $U_{d\alpha}$ Gleichspannung (arith. Mittelwert) bei $\alpha \neq 0°$
- U_{d0} Gleichspannung bei $\alpha = 0°$
- U_1 Anschlussspannung (Effektivwert)

$$U_{d0} = 1{,}35 \cdot U_1$$

Bei $\alpha \leq 60°$:

$$U_{d\alpha} = U_{d0} \cdot \cos\alpha$$

Bei $60° < \alpha \leq 120°$:

$$U_{d\alpha} = U_{d0} \cdot [1 + \cos(\alpha + 60°)]$$

Vollgesteuerte Dreipuls-Mittelpunktschaltung (M3C)

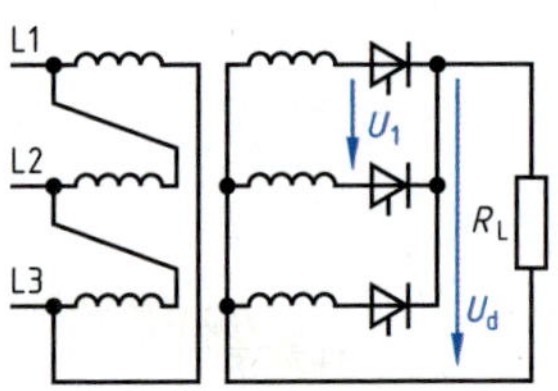

- α Zündwinkel
- $U_{d\alpha}$ Gleichspannung (arith. Mittelwert) bei $\alpha \neq 0°$
- U_{d0} Gleichspannung bei $\alpha = 0°$
- U_1 Anschlussspannung (Effektivwert)

$$U_{d0} = 0{,}675 \cdot U_1$$

Bei $\alpha \leq 30°$:

$$U_{d\alpha} = U_{d0} \cdot \cos\alpha$$

Bei $30° < \alpha \leq 150°$:

$$U_{d\alpha} = U_{d0} \cdot \frac{1 + \cos(\alpha + 30°)}{\sqrt{3}}$$

Wechselstromsteller mit Triac

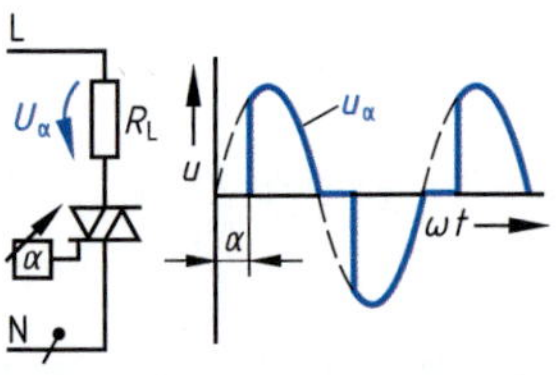

- U_α, I_α Effektivwert beim Zündwinkel $\alpha \neq 0°$
- U_0, I_0 Effektivwert beim Zündwinkel $\alpha = 0°$
- α Zündwinkel
- P_α Leistung bei $\alpha \neq 0°$
- R_L Lastwiderstand

$$U_\alpha = U_0 \cdot \sqrt{1 - \frac{\alpha}{180°} + \frac{\sin(2\alpha)}{2\pi}}$$

$$I_\alpha = I_0 \cdot \sqrt{1 - \frac{\alpha}{180°} + \frac{\sin(2\alpha)}{2\pi}}$$

$$P_\alpha = U_\alpha \cdot I_\alpha$$

$$P_\alpha = \frac{U_\alpha^2}{R} = I_\alpha^2 \cdot R$$

Vielperiodensteuerung (Schwingungspaketsteuerung)

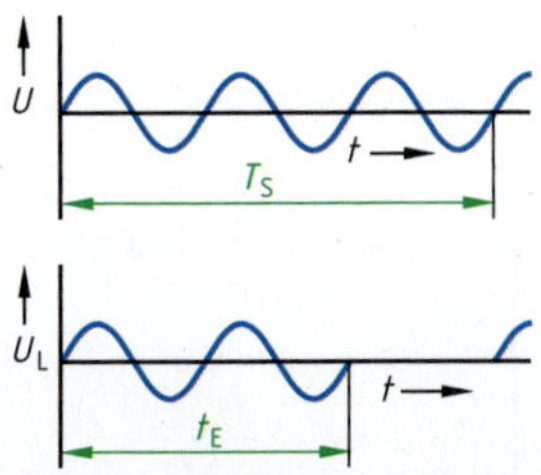

- P_0 Leistung ohne Schwingungspaketsteuerung
- U Spannung (Effektivwert)
- I Strom (Effektivwert)
- P Leistung bei der Schwingungspaketsteuerung
- t_E Einschaltdauer
- T_S Dauer der Schaltperiode
- $\cos\varphi$ Wirkfaktor

$$P_0 = U \cdot I \cdot \cos\varphi$$

$$P = \frac{t_E}{T_S} \cdot P_0$$

13.11 Operationsverstärker

Invertierender Verstärker

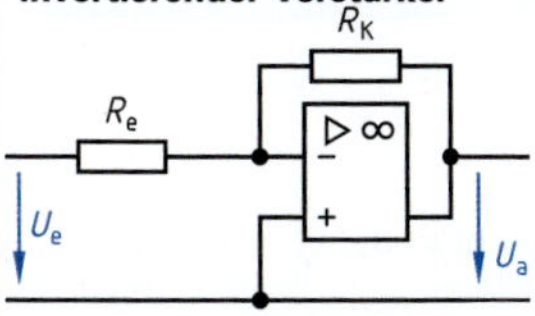

V	Spannungsverstärkungsfaktor
R_K	Rückkopplungswiderstand
R_e	Eingangswiderstand
U_a	Ausgangsspannung
U_e	Eingangsspannung

$$V = \frac{U_a}{U_e} \qquad V = -\frac{R_K}{R_e}$$

$$U_a = -\frac{R_K}{R_e} \cdot U_e$$

Nichtinvertierender Verstärker

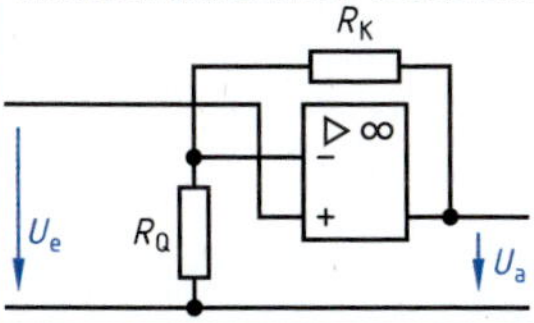

V	Spannungsverstärkungsfaktor
R_K	Rückkopplungswiderstand
R_Q	Querwiderstand
U_a	Ausgangsspannung
U_e	Eingangsspannung

$$V = \frac{U_a}{U_e} \qquad V = 1 + \frac{R_K}{R_Q}$$

$$U_a = U_e \cdot \left(1 + \frac{R_K}{R_Q}\right)$$

Differenzverstärker (Subtrahierer)

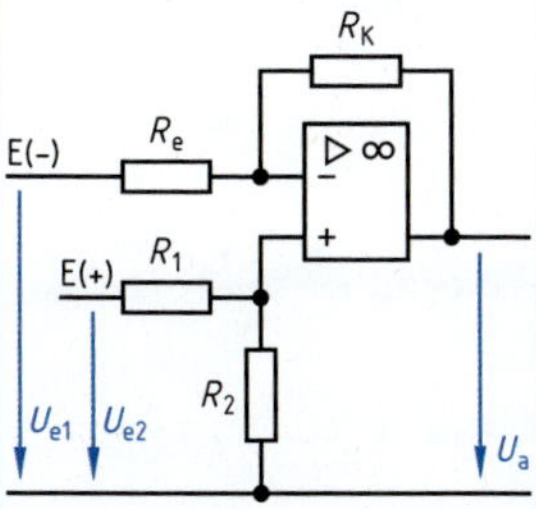

V_1	Spannungsverstärkungsfaktor am invertierenden Eingang (–)
V_2	Spannungsverstärkungsfaktor am nichtinvert. Eingang (+)
U_{e1}	Spannung am invertierenden Eingang (–)
U_{e2}	Spannung am nichtinvertierenden Eingang (+)
U_a	Ausgangsspannung
R_e, R_1	Eingangswiderstand
R_2	Beschaltungswiderstand
R_K	Rückkopplungswiderstand

Bei $U_{e2} = 0$ V:

$$V_1 = \frac{U_a}{U_{e1}} \qquad V_1 = -\frac{R_K}{R_e}$$

Bei $U_{e1} = 0$ V:

$$V_2 = \frac{U_a}{U_{e2}}$$

$$V_2 = \frac{R_2 \cdot (R_e + R_K)}{R_e \cdot (R_1 + R_2)}$$

$$U_a = V_1 \cdot U_{e1} + V_2 \cdot U_{e2}$$

Summierverstärker (Addierer)

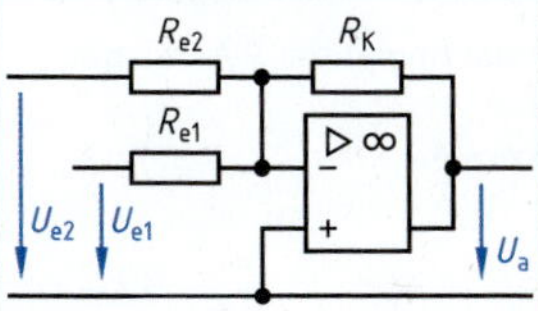

R_K	Rückkopplungswiderstand
$R_{e1} \dots R_{en}$	Eingangswiderstände
$U_{e1} \dots U_{en}$	Eingangsspannungen
U_a	Ausgangsspannung
$V_1 \dots V_n$	Spannungsverstärkungsfaktoren der Eingänge 1… n

$$V_1 = -\frac{R_K}{R_{e1}}$$

$$V_2 = -\frac{R_K}{R_{e2}}$$

$$U_a = V_1 \cdot U_{e1} + V_2 \cdot U_{e2} + \dots$$

Differenzierer

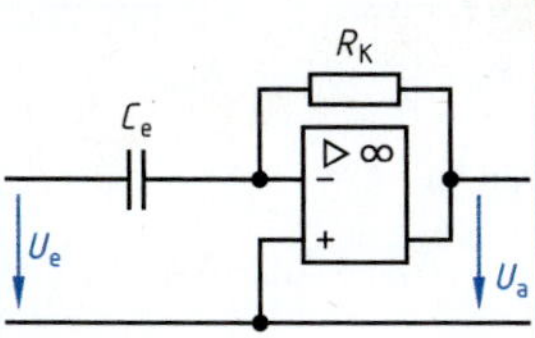

U_a	Ausgangsspannung
Δu_e	Eingangsspannungsänderung
$U_{e\sim}$	Eingangswechselspannung
$U_{a\sim}$	Ausgangswechselspannung
f	Frequenz
R_K	Rückkopplungswiderstand
C_e	Eingangskapazität
Δt	Zeit für Δu_e

Für lineare Eingangsspannungsänderung gilt:

$$U_a = -R_K \cdot C_e \frac{\Delta u_e}{\Delta t}$$

Für sinusförmige Eingangsspannung gilt:

$$U_{a\sim} = R_K \cdot 2 \cdot \pi \cdot f \cdot C_e \cdot U_{e\sim}$$

Integrierer

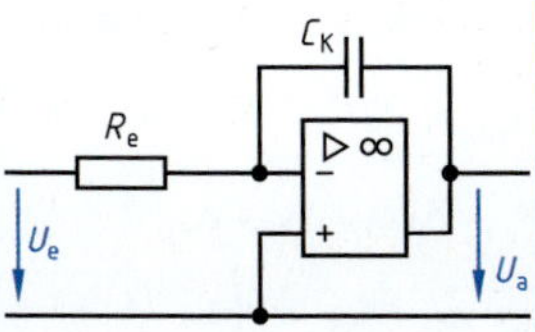

Δu_a	Ausgangsspannungsänderung
U_e	Eingangsspannung
$U_{e\sim}$	Eingangswechselspannung
$U_{a\sim}$	Ausgangswechselspannung
f	Frequenz
C_K	Rückkopplungskapazität
R_e	Eingangswiderstand
Δt	Zeitdauer der Änderung

Für rechteckförmige Eingangsspannung gilt:

$$\Delta u_a = -\frac{U_e}{R_e \cdot C_K} \cdot \Delta t$$

Für sinusförmige Eingangsspannung gilt:

$$U_{a\sim} = \frac{U_{e\sim}}{R_e \cdot 2 \cdot \pi \cdot f \cdot C_K}$$

14 Regelungstechnik

14.1 Regelstrecken

Proportionalstrecke (P-Strecke)

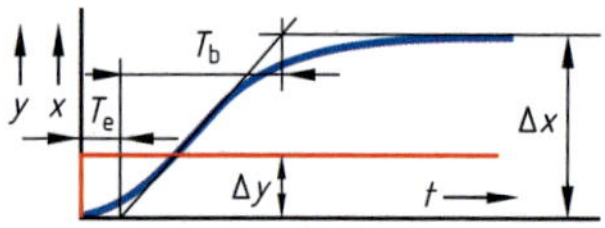

- K_{PS} Proportionalbeiwert der Regelstrecke
- Δx Änderung der Regelgröße
- Δy Änderung der Stellgröße
- T_e Verzugszeit
- T_b Ausgleichszeit

$$K_{PS} = \frac{\Delta x}{\Delta y}$$

schlecht regelbar $\Leftarrow 3 \geq \frac{T_b}{T_e} \geq 10 \Rightarrow$ gut regelbar

Integralstrecke (I-Strecke)

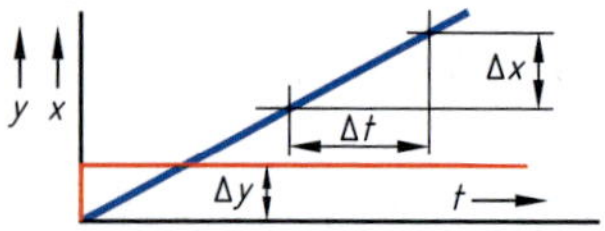

- K_{IS} Integrierbeiwert der Regelstrecke
- Δx Änderung der Regelgröße
- Δy Änderung der Stellgröße
- Δt Zeitdauer der Regelgrößenänderung

$$K_{IS} = \frac{\Delta x}{\Delta t \cdot \Delta y}$$

14.2 Unstetiges Regeln (bei 100 % Leistungsüberschuss)

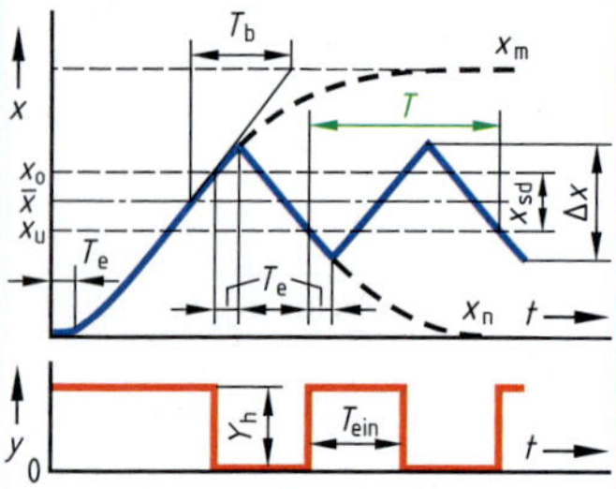

- K_{PS} Übertragungsbeiwert der Regelstrecke
- $\bar{x}$ Sollwert der Regelgröße (Mittelwert)
- x_m oberer Grenzwert, Beharrungswert
- x_n unterer Grenzwert, Anfangswert
- Δx Schwankungsbreite der Regelgröße
- x_{sd} Schaltdifferenz des Reglers
- Y_h Stellbereich
- T_b Ausgleichszeit
- T_e Verzugszeit
- T Periodendauer

$$K_{PS} = \frac{x_m - x_n}{Y_h}$$

$$\bar{x} = \frac{x_m + x_n}{2}$$

$$\Delta x = x_{sd} + \frac{K_{PS} \cdot Y_h}{T_b} \cdot T_e$$

$$T = 4 \cdot \left(\frac{x_{sd} \cdot T_b}{K_{PS} \cdot Y_h} + T_e \right)$$

14.3 Stetiges Regeln

P-Regler

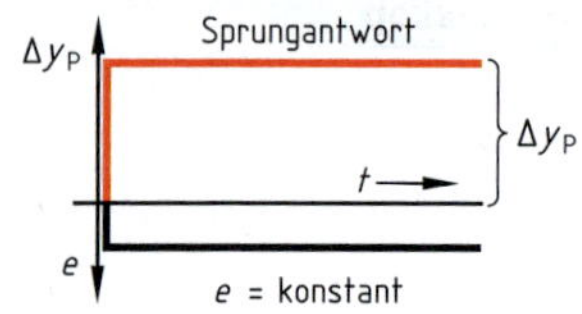

- Δy_P P-Stellgrößenänderung
- K_{PR} Proportionalbeiwert
- e Regeldifferenz
- w Sollwert, Führungsgröße
- x Istwert, Regelgröße
- Y_h Stellbereich
- X_P Proportionalbereich
- Δy Stellgrößenänderung
- V_R Reglerverstärkung

Für alle Regler mit P-Anteil gilt:

$$\Delta y_P = K_{PR} \cdot e \qquad e = w - x$$

$$K_{PR} = \frac{Y_h}{X_P} \qquad V_R = \frac{\Delta y}{e}$$

PI-Regler

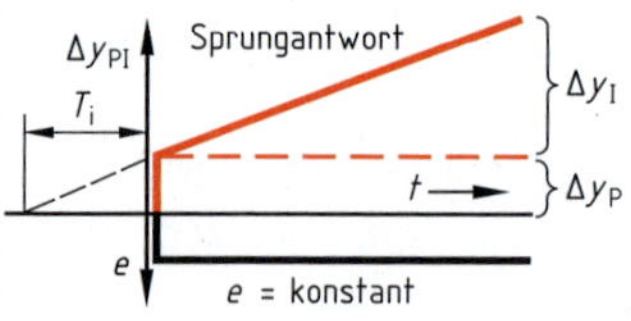

- Δy_I I-Stellgrößenänderung
- Δy_P P-Stellgrößenänderung
- Δy_{PI} PI-Stellgrößenänderung
- K_{IR} Integrierbeiwert
- K_{PR} Proportionalbeiwert
- e Regeldifferenz
- T_i Nachstellzeit
- t Zeitdauer
- v_{yI} I-Stellgeschwindigkeit

$$K_{IR} = \frac{v_{yI}}{e} \qquad K_{IR} = \frac{K_{PR}}{T_i}$$

$$\Delta y_I = K_{IR} \cdot e \cdot t \qquad \Delta y_I = v_{yI} \cdot t$$

$$\Delta y_{PI} = \Delta y_p + \Delta y_I$$

$$\Delta y_{PI} = K_{PR} \cdot e \cdot \left(1 + \frac{t}{T_i} \right)$$

PD-Regler

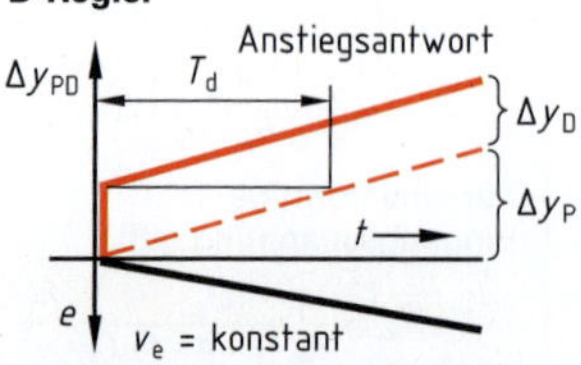

- Δy_D D-Stellgrößenänderung
- Δy_P P-Stellgrößenänderung
- Δy_{PD} PD-Stellgrößenänderung
- K_{DR} Differenzierbeiwert
- K_{PR} Proportionalbeiwert
- e Regeldifferenz
- T_d Vorhaltezeit
- t Zeitdauer
- v_e x-Änderungsgeschwindigkeit

$$\Delta y_D = K_{DR} \cdot \frac{e}{t} \qquad \Delta y_D = K_{DR} \cdot v_e$$

$$K_{DR} = \frac{\Delta y_D}{v_e} \qquad K_{DR} = K_{PR} \cdot T_d$$

$$\Delta y_{PD} = \Delta y_P + \Delta y_D$$

$$\Delta y_{PD} = K_{PR} \cdot e \cdot \left(1 + \frac{T_d}{t} \right)$$

15 Messtechnik

15.1 Messfehler von Zeigermessgeräten

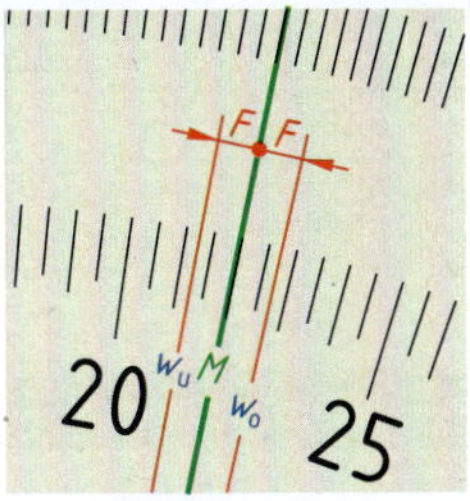

- F zulässiger absoluter Fehler, Messunsicherheit (Betrag)
- k Genauigkeitsklasse
- E Messbereichsendwert
- f relativer, prozentualer Fehler (Betrag)
- M Messwert, angezeigter Wert
- w_u zulässige Untergrenze des wahren Wertes
- w_o zulässige Obergrenze des wahren Wertes

$$F = \frac{k \cdot E}{100}$$

$$f = \frac{F \cdot 100\,\%}{M}$$

$$w_u = M - F$$

$$w_o = M + F$$

15.2 Messfehler von digitalen Messgeräten

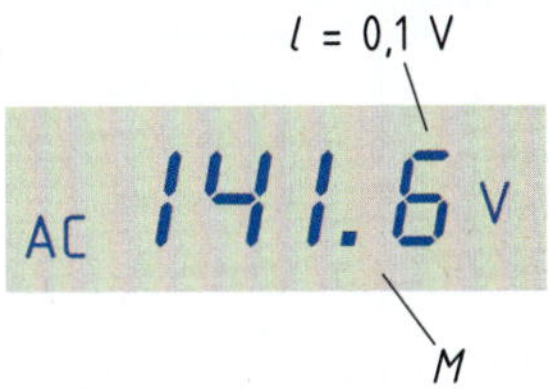

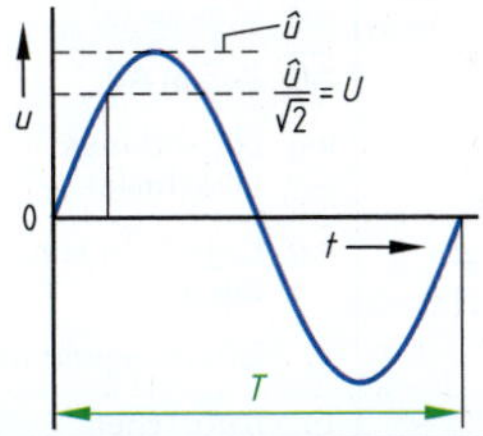

- F zulässiger absoluter Fehler, Messunsicherheit (Betrag)
- k prozentualer Anteil der Messunsicherheit
- M Messwert, angezeigter Wert
- z konstanter Anteil der Messunsicherheit in Digit
- l Auflösung der Digitalanzeige
- f relativer, prozentualer Fehler (Betrag)
- w_u zulässige Untergrenze des wahren Wertes
- w_o zulässige Obergrenze des wahren Wertes
- F_C Crestfaktor
- $\hat{u}$ Scheitelwert der Messgröße
- U Effektivwert der Messgröße

$$F = \frac{k \cdot M}{100} + z \cdot l$$

$$f = \frac{F \cdot 100\,\%}{M}$$

$$w_u = M - F$$

$$w_o = M + F$$

$$F_C = \frac{\hat{u}}{U}$$

Crestfaktoren für sinus- und nichtsinusförmige Spannungen: Seite 26

15.3 Messwertbestimmung sinusförmiger Größen mit dem Oszilloskop

Bestimmen der Spannung, der Periodendauer und der Frequenz

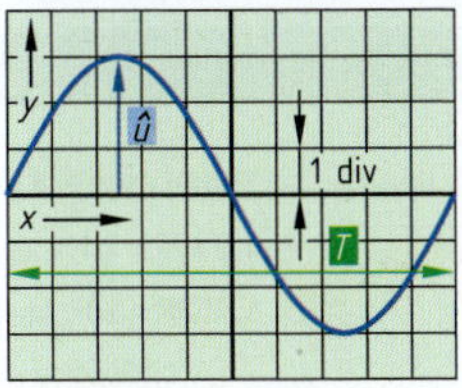

- x waagerechte Ablenkung in div
- y senkrechte Ablenkung in div
- A_x waagrechter Ablenkkoeffizient, z. B. in ms/div
- A_y senkrechter Ablenkkoeffizient, z. B. in V/div
- $\hat{u}$ Scheitelwert der Spannung
- U Effektivwert der Spannung
- T Periodendauer
- f Frequenz

$$\hat{u} = A_y \cdot y \qquad U = \frac{\hat{u}}{\sqrt{2}}$$

$$T = A_x \cdot x \qquad f = \frac{1}{T}$$

Bestimmen der Phasenverschiebung

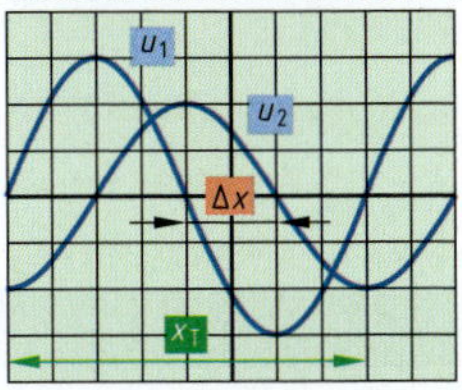

- φ Phasenverschiebungswinkel
- Δx Phasenverschiebung in div
- x_T Periodendauer in div

Die Phasenverschiebung φ wird mithilfe eines Zweikanal-Oszilloskops, welches gleichzeitig zwei Spannungen anzeigt, dargestellt.

$$\varphi = \frac{\Delta x \cdot 360°}{x_T}$$

Beispiel: siehe Bild

$$\varphi = \frac{2\ \text{div} \cdot 360°}{8\ \text{div}} = 90°$$

Bestimmen des Stromes

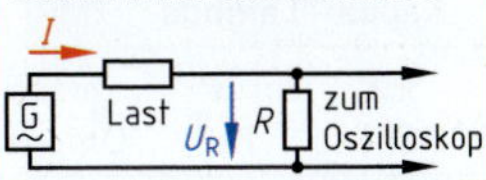

- R Messwiderstand, z. B. 1 Ω
- $\hat{u}_R$ Scheitelwert der Spannung an R
- $\hat{i}$ Scheitelwert des Stromes
- I Effektivwert des Stromes

$$\hat{i} = \frac{\hat{u}_R}{R} \qquad I = \frac{\hat{i}}{\sqrt{2}}$$

Tabelle 1: Wichtige Formelzeichen, Größen und Einheiten – siehe vordere und hintere Umschlag-Innenseite

Tabelle 2: SI-Basisgrößen und SI-Basiseinheiten (Grundeinheiten)

Basisgröße	Formelzeichen	Einheit	Einheitenzeichen	Basisgröße	Formelzeichen	Einheit	Einheitenzeichen
Länge	l	Meter	m	**Stromstärke**	I	Ampere	A
Masse	m	Kilogramm	kg	**Temperatur**	T	Kelvin	K
Zeit	t	Sekunde	s				
Stoffmenge	ν	Mol	mol	**Lichtstärke**	I_v	Candela	cd

Tabelle 3: Vielfache und Teile von Einheiten

E	Exa	$= 10^{18} =$	1000000000000000000	(Trillion)
P	Peta	$= 10^{15} =$	1000000000000000	(Billiarde)
T	Tera	$= 10^{12} =$	1000000000000	(Billion)
G	Giga	$= 10^{9} =$	1000000000	(Milliarde)
M	Mega	$= 10^{6} =$	1000000	(Million)
k	Kilo	$= 10^{3} =$	1000	
h	Hekto	$= 10^{2} =$	100	
da	Deka	$= 10^{1} =$	10	
d	Dezi	$= 10^{-1} =$	0,1	
c	Zenti	$= 10^{-2} =$	0,01	
m	Milli	$= 10^{-3} =$	0,001	
µ	Mikro	$= 10^{-6} =$	0,000001	
n	Nano	$= 10^{-9} =$	0,000000001	
p	Piko	$= 10^{-12} =$	0,000000000001	
f	Femto	$= 10^{-15} =$	0,000000000000001	
a	Atto	$= 10^{-18} =$	0,000000000000000001	

Tabelle 4: Mathematische Zeichen

$=$	gleich	Δ	Differenz
$\neq$	ungleich	Σ	Summe
$\approx$	ungefähr gleich	$\parallel$	parallel
$\triangleq$	entspricht	$\perp$	rechtwinklig zu, senkrecht auf
$\sim$	proportional	$\rightarrow$	zugeordnet
$>$	größer als	∞	unendlich
$<$	kleiner als	$\sphericalangle$	Winkel
$\geq$	größer oder gleich	$\overline{AB}$	Strecke AB
$\leq$	kleiner oder gleich	$\overset{\frown}{AB}$	Bogen AB
$\gg$	wesentlich größer als	log	Logarithmus (allgemein)
$\ll$	wesentlich kleiner als	$\log_a$	Logarithmus zur Basis a
$\Rightarrow$	aus ... folgt	lg	Zehnerlogarithmus
$\Leftrightarrow$	ist äquivalent zu	ln	natürlicher Logarithmus, Basis e (e = 2,718 ...)
$\wedge$	UND	$\sqrt{\ }$	Quadratwurzel aus
$\vee$	ODER		
$\lvert z \rvert$	Betrag von z		
%	Prozent		
‰	Promille		

Tabelle 5: Wichtige physikalische Konstanten

elektrische Feldkonstante	$\varepsilon_0 = 8{,}854 \cdot 10^{-12}$ As/Vm
magnetische Feldkonstante	$\mu_0 = 1{,}257 \cdot 10^{-6}$ Vs/Am
Lichtgeschwindigkeit	$c_0 = 2{,}998 \cdot 10^{8}$ m/s
Fallbeschleunigung, örtliche	$g = 9{,}81$ m/s²
Faraday-Konstante	$F = 9{,}6485 \cdot 10^{4}$ As/mol
absoluter Nullpunkt	$\vartheta_0 = -273{,}15$ °C
Avogadro-Konstante	$N_A = 6{,}022 \cdot 10^{23}$ 1/mol

Elektron:	
Elementarladung	$e = 1{,}602 \cdot 10^{-19}$ As
Ruhemasse	$m_e = 0{,}9109 \cdot 10^{-27}$ g
spezifische Ladung	$\frac{e}{m_e} = 1{,}7588 \cdot 10^{8}$ As/g
Neutron:	
Ruhemasse	$m_n = 1{,}6748 \cdot 10^{-24}$ g
Proton:	
Ruhemasse	$m_p = 1{,}6725 \cdot 10^{-24}$ g
spezifische Ladung	$\frac{e}{m_p} = 9{,}5788 \cdot 10^{4}$ As/g
Atomare Masseneinheit u	$= 1{,}6602 \cdot 10^{-24}$ g

Tabelle 6: Griechisches Alphabet

$\alpha\ A$	$\beta\ B$	$\gamma\ \Gamma$	$\delta\ \Delta$	$\varepsilon\ E$	$\zeta\ Z$	$\eta\ H$	$\vartheta\ \Theta$	$\iota\ I$	$\varkappa\ K$	$\lambda\ \Lambda$	$\mu\ M$
Alpha	Beta	Gamma	Delta	Epsilon	Zeta	Eta	Theta	Jota	Kappa	Lambda	My
$\nu\ N$	$\xi\ \Xi$	$o\ O$	$\pi\ \Pi$	$\varrho\ P$	$\sigma\ \Sigma$	$\tau\ T$	$\upsilon\ Y$	$\varphi\ \Phi$	$\chi\ X$	$\psi\ \Psi$	$\omega\ \Omega$
Ny	Ksi	Omikron	Pi	Rho	Sigma	Tau	Ypsilon	Phi	Chi	Psi	Omega

Tabelle 7: Werkstoffwerte von Metallen (und Kohle)

Werkstoff	Kurzzeichen	Spezifischer Widerstand ϱ_{20} $\frac{\Omega \cdot mm^2}{m}$	Elektrische Leitfähigkeit γ_{20} $\frac{m}{\Omega \cdot mm^2}$	Dichte ϱ $\frac{kg}{dm^3}$	Temperaturkoeffizient α $\frac{1}{K}$	Längenausdehnungskoeffizient α_l in 10^{-6}/K (zwischen 0 und 100 °C)	Spezif. Wärmekapazität c $\frac{kJ}{kg \cdot K}$	Schmelztemperatur °C
Aluminium	Al	0,0278	36	2,7	0,004	23,8	0,921	658
Blei	Pb	0,208	4,8	11,34	0,00422	29,4	0,130	327
Chrom	Cr	0,130	6,7	7,19	–	6,2	0,452	1890
Eisen (rein)	Fe	0,1	10	7,87	0,00657	11,5	0,461	1539
Gusseisen	GG	–	–	7,25	0,005	10,5	0,80	≈ 1200
Gold	Au	0,022	45,7	19,3	0,00398	14,2	0,130	1063
Kadmium	Cd	0,077	13	8,64	0,0042	29,4	0,234	321
Kobalt	Co	0,062	16,1	8,9	0,0066	12,6	0,419	1490
Kohle	–	100	0,01	2,0	– 0,0005	6,0	0,5	≈ 3540
Kupfer (99,9%)	Cu	0,0178	56	8,9	0,0039	17,0	0,389	1085
Lithium	Li	0,086	–	0,534	–	56	0,294	179
Magnesium	Mg	0,044	22,7	1,74	0,0041	26	1,047	650
Mg-Legierungen	–	0,08 … 0,05	12 … 20	≈ 1,8	≈ 0,0022	≈ 24,0	1,0	650
Mangan	Mn	1,85	0,54	7,43	0,0053	23,0	0,502	1245
Molybdän	Mo	0,047	21	10,2	0,0047	5,1	0,272	2620
Nickel	Ni	0,095	10,5	8,85	0,0055	13,0	0,461	1452
Platin	Pt	0,098	10,2	21,5	0,0038	9,0	0,134	1770
Quecksilber	Hg	0,9406	1,063	13,5	0,0009	γ = 182	0,138	– 38,9
Silber	Ag	0,0167	60	10,5	0,0041	19,3	0,234	960
Stahl • unleg. u. niedrig legiert	–	–	–	≈ 7,85	–	11,5	0,49	≈ 1440
• nichtrostend	–	–	–	7,8	–	16	0,50	1450
• nicht magnetisierbar	–	–	–	8,0	–	–	–	1450
Tantal	Ta	0,15	6,67	16,7	0,0034	6,5	0,14	3030
Titan	Ti	0,8	1,25	4,54	0,00564	8,4	0,528	1670
Wismut	Bi	1,07	0,94	9,8	0,0045	13,4	0,126	270
Wolfram	W	0,055	18,2	19,3	0,0046	4,5	0,142	3370
Zink	Zn	0,0625	16	7,14	0,0042	29,8	0,394	419
Zinn	Sn	0,115	8,7	7,28	0,00463	27	0,226	232

Tabelle 8: Werkstoffwerte von Legierungen

Konstantan (CuNi44)	0,49	2,04	8,9	0,00004	15,2	0,410	1280
Nickelin (CuNi30Mn)	0,4	2,5	8,8	0,00015	16	0,398	1180
Manganin (CuMn12Ni)	0,43	2,33	8,4	0,00001	19,5	0,406	980
Aldrey (AlMgSi)	0,0328	30,5	2,7	0,0036	23	–	–

Tabelle 9: Elektrochemische Äquivalente und Wertigkeit

Werkstoff		Wertigkeit	Elektrochemisches Äquivalent c in g/Ah	in mg/As	Werkstoff		Wertigkeit	Elektrochemisches Äquivalent c in g/Ah	in mg/As
Aluminium	Al	3	0,335	0,093	Magnesium	Mg	2	0,454	0,126
Blei	Pb	2	3,865	1,074	Nickel	Ni	2	1,095	0,304
Blei	Pb	4	1,932	0,5368	Platin	Pt	4	1,820	0,5055
Chrom	Cr	3	0,647	0,179	Quecksilber	Hg	2	3,742	1,039
Eisen	Fe	2	1,042	0,289	Quecksilber	Hg	1	7,484	2,079
Eisen	Fe	3	0,694	0,192	Silber	Ag	1	4,025	1,118
Gold	Au	1	7,349	2,0414	Zink	Zn	2	1,220	0,339
Gold	Au	3	2,452	0,681	Zinn	Sn	2	2,214	0,615
Kadmium	Cd	2	2,097	0,582	Zinn	Sn	4	1,107	0,3075
Kupfer	Cu	1	2,372	0,659	Sauerstoff	O	2	0,299	0,083
Kupfer	Cu	2	1,186	0,329	Wasserstoff	H	1	0,038	0,0105

Tabelle 10: Verlegearten von Kabeln und isolierten Leitungen (nach DIN VDE 0298-4)

Verlegeart		Verlegebedingungen (Wichtige Beispiele)
A1	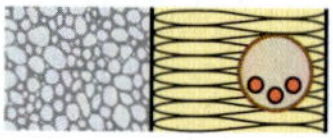	**Verlegung in wärmegedämmten Wänden** • Aderleitungen im Elektroinstallationsrohr, • Aderleitungen in Formleisten oder in Formteilen.
A2	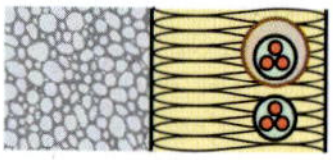	• Mehradrige Kabel oder mehradrige Mantelleitungen im Elektroinstallationsrohr, • mehradrige Kabel oder mehradrige Mantelleitungen in einer wärmegedämmten Wand.
B1	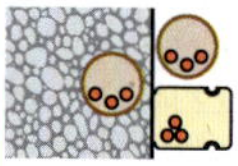	**Verlegung in Elektroinstallationsrohren und -kanälen** • Aderleitungen im Elektroinstallationsrohr auf oder in der Wand, • Aderleitungen, einadrige Kabel oder Mantelleitungen im Elektroinstallationskanal.
B2	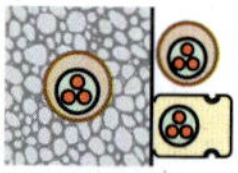	• Mehradrige Kabel oder Mantelleitungen im Elektroinstallationsrohr auf und in der Wand, • mehradrige Kabel oder Mantelleitungen im Elektroinstallationskanal, • mehradrige Kabel oder Mantelleitungen im Sockelleisten- oder im Unterflurkanal.
C		**Verlegung direkt auf dem oder in den Untergrund (Wand)** • Ein- oder mehradrige Kabel oder Mantelleitungen auf oder in der Wand oder unter der Decke, • Stegleitungen im oder unter Putz.
D		**Verlegung im Erdboden** • Mehradrige Kabel oder mehradrige ummantelte Installationsleitung im Elektroinstallationsrohr oder im Kabelschacht in der Erde
E	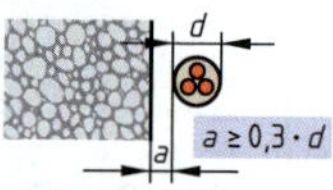	**Verlegung frei in der Luft** • Mehradrige Kabel oder mehradrige Mantelleitungen frei in der Luft verlegt mit einem Mindestabstand zur Wand $a \geq 0{,}3 \cdot d$ (d = Leitungsdurchmesser), • Kabel oder Leitungen auf gelochten Kabelrinnen oder auf Kabelkonsolen.
F	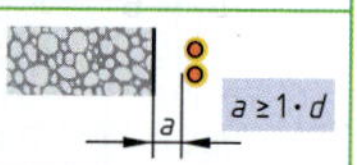	• Einadrige Kabel oder einadrige Mantelleitungen mit gegenseitiger Berührung verlegt mit einem Mindestabstand $a \geq 1 \cdot d$ zur Wand.
G	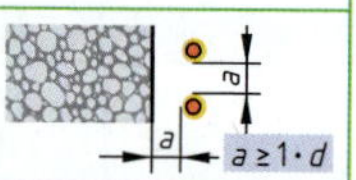	• Einadrige Kabel oder einadrige Mantelleitungen mit einem gegenseitigen Abstand $a \geq 1 \cdot d$ verlegt und einem Mindestabstand $a \geq 1 \cdot d$, • Blanke Leiter oder Aderleitungen auf Isolatoren.

Tabelle 11: Bemessungswert I_r der Strombelastbarkeit von Kabeln und Leitungen für feste Verlegung in den Verlegearten A1, A2, B1, B2, C und D bei einer Umgebungstemperatur von 30 °C (nach DIN VDE 0298-4)

Verlegeart	A1		A2		B1		B2		C		D	
belastete Adern	2	3	2	3	2	3	2	3	2	3	2	3
Leiternennquerschnitt A in mm² Cu	Bemessungswert I_r der Strombelastbarkeit in A für PVC-isolierte Kabel und Leitungen mit einer Betriebstemperatur Leiter bis 70 °C											
1,5	15,5	13,5	15,5	13	17,5	15,5	16,5	15	19,5	17,5	18,5	15,5
2,5	19,5	18	18,5	17,5	24	21	23	20	27	24	25	21
4	26	24	25	23	32	28	30	27	36	32	32	27
6	34	31	32	29	41	36	38	34	46	41	40	34
10	46	42	43	39	57	50	52	46	63	57	54	45
16	61	56	57	52	76	68	69	62	85	76	69	59
25	80	73	75	68	101	89	90	80	112	96	88	76
35	99	89	92	83	125	110	111	99	138	119	106	91

Bemessungswerte I_r für die Verlegearten E, F und G siehe DIN VDE 0298-4 oder Tabellenbuch Elektrotechnik

Tabelle 12: Zuordnung von Leitungsschutzsicherungen gG und LS-Schaltern Typ B, C und D mit einem Abschaltstrom $I_a \leq 1{,}45 \cdot I_N$, zu den Nennquerschnitten isolierter Leitungen bei Dauerbetrieb (umgerechnet auf eine Umgebungstemperatur von 25 °C) (nach DIN VDE 0298-4)

Verlegeart	**A1**		**A2**		**B1**		**B2**		**C**		**D**	
belastete Adern	2	3	2	3	2	3	2	3	2	3	2	3
Leiternennquerschnitt *A* in mm² Cu	Bemessungsstrom I_N der Überstrom-Schutzeinrichtung in A für PVC-isolierte Kabel und Leitungen* mit einer Betriebstemperatur am Leiter bis 70 °C											
1,5	16	10 (13)	16	13	16	16	16	16	20	16	16	16
2,5	20	16	16	16	25	20	20	20	25	25	25	20
4	25	25	25	20	25 (32)	25	25	25	35 (32)	25 (32)	25 (32)	25
6	35 (32)	25 (32)	25 (32)	25	35 (40)	35 (32)	35 (40)	35 (32)	35 (40)	35 (40)	35 (40)	35 (32)
10	35 (40)	35 (40)	35 (40)	35 (40)	50	50	50	35 (40)	63	50	50	35 (40)
16	63	50	50	50	80	63	63	63	80	80	63	63
25	80	63	63	63	100	80	80	80	100	100	80	80
35	100	80	80	80	125	100	100	100	125	125	100	80

* Häufung von Leitungen nicht berücksichtigt; abweichende Bemessungsströme für LS-Schalter in Klammern

Tabelle 13: Umrechnungsfaktoren f_1 für abweichende Umgebungstemperaturen (nach DIN VDE 0298-4)

Umgebungstemperatur in °C	10	15	20	25	30	35	40	45	50	55	60	65	70
PVC-Isolation < 70 °C	1,22	1,17	1,12	1,06	1,0	0,94	0,87	0,79	0,71	0,61	0,5	0,35	–
Gummi-Isolation < 60 °C	1,29	1,22	1,15	1,08	1,0	0,91	0,82	0,71	0,58	0,41	–	–	–
EPR-Isolation < 90 °C	1,15	1,12	1,08	1,04	1,0	0,96	0,91	0,87	0,82	0,76	0,71	0,65	0,58

Tabelle 14: Umrechnungsfaktoren f_2 für Häufung von Kabeln oder Leitungen (nach DIN VDE 0298-4)

Anordnung der Leitungen			Anzahl der mehradrigen Leitungen oder Anzahl der Wechsel- oder Drehstromkreise							
			1	2	3	4	5	6	7	8
Gebündelt direkt auf der Wand oder Fußboden, im Elektroinstallationsrohr oder -kanal, auf oder in der Wand	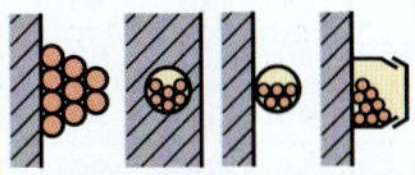	f_2	1,0	0,8	0,7	0,65	0,6	0,57	0,54	0,52
Einlagig auf der Wand oder Fußboden mit Berührung		f_2	1,0	0,85	0,79	0,75	0,73	0,72	0,72	0,71
Einlagig unter der Decke mit Berührung		f_2	0,95	0,81	0,72	0,68	0,66	0,64	0,63	0,62

Strombelastbarkeit I_z von Kabeln und Leitungen bei abweichenden Betriebsbedingungen und Zuordnung der Überstrom-Schutzeinrichtung:

- I_r Bemessungswert der Strombelastbarkeit für Kabel und Leitungen bei der Umgebungstemperatur 30 °C
- I_z Strombelastbarkeit von Kabeln und Leitungen bei abweichenden Betriebsbedingungen, z. B. Häufung oder abweichende Umgebungstemperatur
- I_N Bemessungsstrom der Überstrom-Schutzeinrichtung
- f_1 Umrechnungsfaktor für abweichende Umgebungstemperatur
- f_2 Umrechnungsfaktor für Häufung von Kabeln oder Leitungen
- f_3 Umrechnungsfaktor für die Anzahl der belasteten Adern bei Verlegung in Luft
- f_4 Umrechnungsfaktor für Oberschwingungsströme mit vier belasteten Adern

$$I_z = I_r \cdot f_1 \cdot f_2 \cdot f_3 \cdot f_4$$

$$I_r = \frac{I_z}{f_1 \cdot f_2 \cdot f_3 \cdot f_4}$$

$$I_N \leq I_z$$

Tabelle 15: Umrechnungsfaktoren f_3 für die Anzahl der belasteten Adern bei Verlegung in Luft

belastete Adern	**2**	**3**	**5**	**7**	**10**	**14**
Faktor f_3	1	1	0,75	0,65	0,55	0,5

Tabellen

16

Tabelle 16: Typische Verbraucher- und Verzerrungsströme elektronischer Verbraucher (nach DIN VDE 0100-520)

Elektronisches Verbrauchsmittel	Leistung *P* in *W*	Verbraucherstrom I_L in A	Verzerrungsstrom I_V in A	Elektronisches Verbrauchsmittel	Leistung *P* in *W*	Verbraucherstrom I_L in A	Verzerrungsstrom I_V in A
Kompakt-LSL[1] bis 25 W	23	0,15	0,080	PC[3] ohne PFC[4]	85	0,48	0,270
LSL[1] mit EVG[2]	55	0,25	0,043	PC[3] mit PFC[4]	82	0,38	0,057
LSL[1] mit Kompensation	62	0,3	0,067	Flachmonitor	32	0,24	0,137
Bürokopierer	103	0,61	0,144	Faxgerät	22	0,17	0,083

[1] LSL, Abk. für: **Leuchtstofflampe**; [2] EVG, Abk. für: **E**lektronisches **V**orschalt**g**erät; [3] PC, Abk. für: **P**ersonal**c**omputer;
[4] PFC, Abk. für: **P**ower **F**actor **C**ompensation (engl.) = Leistungsfaktorkorrektur

Tabelle 17: Belastbarkeit von Kabeln und Leitungen für die Verlegeart A1, A2, B1, B2 und C mit Berücksichtigung der Oberschwingungen. (Betriebstemperatur: 70 °C, Umgebungstemperatur: 25 °C, Leitermaterial: Kupfer) (nach DIN VDE 0100-520)

Verlegeart	A1			A2			B1			B2			C		
	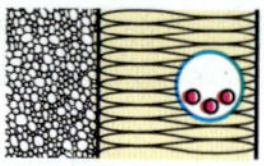			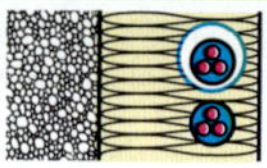			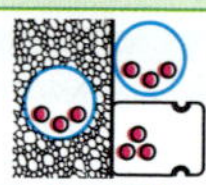			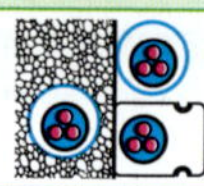			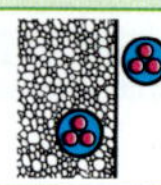		
Anteil der Oberschwingung O_{An} in % des Außenleiterstroms	>15% … 33%	>33% … 45%	>45%	>15 % … 33%	>33 % … 45%	> 45%	>15 % … 33%	>33 % … 45%	>45%	15 % … 33%	>33 % … 45%	> 45 %	>15% … 33%	>33% … 45%	45%
Leiternennquerschnitt *A* in mm²	Strombelastbarkeit I_z der Leitung in A														
4	21	15	13	21	15	13	25	18	16	25	18	16	29	22	19
6	27	20	17	27	20	17	31	23	20	31	23	20	37	27	24
10	39	29	25	35	26	23	46	34	29	42	31	27	52	38	33
16	51	38	33	47	35	31	62	46	40	57	42	37	70	52	45
25	66	49	43	62	46	40	81	60	52	73	54	47	88	65	57
35	81	60	52	76	56	49	101	75	65	90	67	58	108	80	70
50	98	73	63	90	67	58	122	90	79	108	80	69	132	97	85
70	124	92	80	114	85	74	156	115	101	136	101	88	168	124	108
95	150	111	97	137	101	88	188	140	122	163	121	106	203	150	131
120	171	127	111	157	116	101	218	161	141	187	139	121	237	175	153
150	197	146	127	179	133	116	239	177	154	205	152	132	273	202	176
185	224	166	144	203	150	131	270	200	174	232	172	150	310	230	201
240	261	193	168	238	176	154	324	240	209	271	201	175	367	271	237
300	299	222	193	272	201	176	359	266	232	309	229	199	423	313	273

Tabelle 18: Umrechnungsfaktor f_4 für Verbraucher, die Oberschwingungen erzeugen (nach DIN VDE 0100-520)

Oberschwingungsanteil der Leistung in %	Umrechnungsfaktor (für Verteilerstromkreise)
0 … 15	1
> 15 … 25	0,95
> 25 … 35	0,90
> 35 … 45	0,85
> 45 … 55	0,80
> 55 … 65	0,75
> 65 … 75	0,70
> 75	0,65

Tabelle 19: Leiternennquerschnitte in mm²

1,5	2,5	4	6	10	16	25	35	50	70

Tabelle 20: Bemessungsströme von Leitungsschutzschaltern (LS-Schaltern) der Typen B, C und D in Ampere (Auswahl)

6	10	13	16	20	25	32	40	50	63

Tabelle 21: Übliche Fertigungswerte für Widerstände und Kondensatoren (E-Reihen) (nach DIN IEC 63)

Reihe	Toleranz	Grundwerte											
E 6	± 20 %	1,0		1,5		2,2		3,3		4,7		6,8	
E 12	± 10 %	1,0	1,2	1,5	1,8	2,2	2,7	3,3	3,9	4,7	5,6	6,8	8,2
E 24	± 5 %	1,0	1,1	1,2	1,3	1,5	1,6	1,8	2,0	2,2	2,4	2,7	3,0
		3,3	3,6	3,9	4,3	4,7	5,1	5,6	6,2	6,8	7,5	8,2	9,1
E 48	± 2 %	1,00	1,05	1,10	1,15	1,21	1,27	1,33	1,40	1,47	1,54	1,62	1,69
		1,78	1,87	1,96	2,05	2,15	2,26	2,37	2,49	2,61	2,74	2,87	3,01
		3,16	3,32	3,48	3,65	3,83	4,02	4,22	4,42	4,64	4,87	5,11	5,36
		5,62	5,90	6,19	6,49	6,81	7,15	7,50	7,87	8,25	8,66	9,09	9,53
E 96	± 1 %	1,00	1,02	1,05	1,07	1,10	1,13	1,15	1,18	1,21	1,24	1,27	1,30
		1,33	1,37	1,40	1,43	1,47	1,50	1,54	1,58	1,62	1,65	1,69	1,74
		1,78	1,82	1,87	1,91	1,96	2,00	2,05	2,10	2,15	2,21	2,26	2,32
		2,37	2,43	2,49	2,55	2,61	2,67	2,74	2,80	2,87	2,94	3,01	3,09
		3,16	3,24	3,32	3,40	3,48	3,57	3,65	3,74	3,83	3,92	4,02	4,12
		4,22	4,32	4,42	4,53	4,64	4,75	4,87	4,99	5,11	5,23	5,36	5,49
		5,62	5,76	5,90	6,04	6,19	6,34	6,49	6,65	6,81	6,98	7,15	7,32
		7,50	7,68	7,87	8,06	8,25	8,45	8,66	8,87	9,09	9,31	9,53	9,76

Tabelle 22: Bemessungsleistung von Widerständen in W

0,125	0,25	0,5	1	2	5	10	25	50	100

Tabelle 23: Farbkennzeichnung von Widerständen (4-Ring-Kennzeichnung)

Farbe der Ringe bzw. Punkte		**1. Ring: 1. Ziffer**	**2. Ring: 2. Ziffer**	**3. Ring: Multiplikator**	**4. Ring: Toleranz in %**	**Temperatur-koeffizient**
nach DIN EN 60062	**nach IEC 757**	**Widerstandswert in Ω**				
schwarz (sw)	BK (black)	–	0	1	–	$\pm 250 \cdot 10^{-6}$/K
braun (br)	BN (brown)	1	1	10	± 1	$\pm 100 \cdot 10^{-6}$/K
rot (rt)	RD (red)	2	2	10^2	± 2	$\pm 50 \cdot 10^{-6}$/K
orange (or)	OG (orange)	3	3	10^3	–	$\pm 15 \cdot 10^{-6}$/K
gelb (gb)	YE (yellow)	4	4	10^4	–	$\pm 25 \cdot 10^{-6}$/K
grün (gn)	GN (green)	5	5	10^5	± 0,5	$\pm 20 \cdot 10^{-6}$/K
blau (bl)	BU (blue)	6	6	10^6	± 0,25	$\pm 10 \cdot 10^{-6}$/K
violett (vi)	VT (violet)	7	7	10^7	± 0,1	$\pm 5 \cdot 10^{-6}$/K
grau (gr)	GY (grey)	8	8	10^8	–	$\pm 1 \cdot 10^{-6}$/K
weiß (ws)	WH (white)	9	9	10^9	–	–
gold (au)	GD (gold)	–	–	0,1	± 5	–
silber (ag)	SR (silver)	–	–	0,01	± 10	–
ohne Farbe		–	–	–	± 20	–

Bei einem Widerstand mit 5 oder 6 Farbringen gibt der 1. Ring die 1. Ziffer, der 2. Ring die 2. Ziffer und der 3. Ring die 3. Ziffer an. Der 4. Ring kennzeichnet den Multiplikator, der 5. Ring die Toleranz und der 6. Ring den Temperaturkoeffizienten.

Tabelle 24: Wertkennzeichnung von Widerständen durch Buchstaben (Beispiele) (nach DIN EN 60062)

Wertkennzeichnung	R 22	4 R 7	33 R	82 K	M 33	5 M 6	22 M	4 G 7	10 T
Widerstandswert	0,22 Ω	4,7 Ω	33 Ω	82 kΩ	0,33 MΩ	5,6 MΩ	22 MΩ	4,7 GΩ	10 TΩ

Tabelle 25: Schutzarten elektrischer Betriebsmittel (nach DIN VDE 0470)

Aufbau des Kurzzeichens:

Kennbuchstaben: IP (Abkürzung für: International Protection, engl. = internationaler Schutz)

1. Kennziffer: Schutzgrade gegen Berühren und Eindringen von Fremdkörpern

2. Kennziffer: Schutzgrade gegen Eindringen von Wasser (Wasserschutz)

Ist für ein Betriebsmittel nur eine der beiden Schutzarten angegeben, so steht an der Stelle der fehlenden Kennziffer ein X (Beispiel siehe unten).

1. Kennziffer	Berührungs- und Fremdkörperschutz	2. Kennziffer	Wasserschutz
0	kein Berührungs- und Fremdkörperschutz	0	kein Wasserschutz
1	Schutz gegen Fremdkörper mit einem Durchmesser größer als 50 mm	1	Schutz gegen senkrecht tropfendes Wasser
2	Schutz gegen Fremdkörper mit einem Durchmesser größer als 12,5 mm	2	Schutz gegen schrägfallendes Tropfwasser (bis 15° gegen die Senkrechte)
3	Schutz gegen Fremdkörper mit einem Durchmesser größer als 2,5 mm	3	Schutz gegen Sprühwasser (bis 60° gegen die Senkrechte)
4	Schutz gegen Fremdkörper mit einem Durchmesser größer als 1 mm	4	Schutz gegen Spritzwasser aus allen Richtungen
5	Schutz gegen schädliche Staubablagerung im Innern (staubgeschützt)	5	Schutz gegen Strahlwasser (aus einer Düse) aus allen Richtungen
6	Schutz gegen Eindringen von Staub (staubdicht)	6	Schutz gegen starken Wasserstrahl oder schwere See
		7	Schutz gegen Wasser bei Eintauchen des Betriebsmittels (unter festgelegten Druck- und Zeitbedingungen)
		8	Schutz bei dauerndem Untertauchen des Betriebsmittels, auch unter Druck
		9	Geschützt gegen Hochdruck und hohe Strahlwassertemperaturen

IP-Kennzeichnung durch Zusatzbuchstaben

Dritte Stelle: Zusätzlicher Berührungsschutz

A: Handrückenschutz, B: Fingerschutz, C: Werkzeugschutz, D: Drahtschutz

Vierte Stelle: Ergänzende Buchstaben

H: Betriebsmittel für Hochspannung. M: Geprüft auf Wassereintritt, wenn bewegliche Teile in Betrieb sind. S: Geprüft auf Wassereintritt, wenn bewegliche Teile im Stillstand sind. W: Geprüft bei festgelegten Witterungsbedingungen.

Beispiele für Schutzarten elektrischer Betriebsmittel

Schutzart	Schutzumfang und Beispiel
IP 6X	Schutz gegen Eindringen von Staub unter Druck. Kein Schutz gegen schädliches Eindringen von Wasser; Beispiel: Leuchten in Räumen mit brennbarem Staub.
IP 21	Schutz gegen Berühren und Eindringen von Fremdkörpern mit einem Durchmesser größer als 12 mm. Schutz gegen senkrecht tropfendes Wasser. Beispiel: Elektromotoren in Kessel- und Maschinenhäusern.
IP 44	Schutz gegen Fremdkörper mit einem Durchmesser größer als 1 mm. Schutz gegen Spritzwasser aus allen Richtungen. Beispiel: Steckvorrichtung (spritzwassergeschützt).

Bildzeichen zur Angabe der Schutzart

Bildzeichen	 Tropfwassergeschützt	 Regengeschützt	 Spritzwassergeschützt	 Strahlwassergeschützt	 Wasserdicht	 ...bar Druckwasser-dicht	 Staubgeschützt	 Staubdicht
Beispiel:	IP X1	IP X3	IP X4	IP X5	IP X7	IP X8	IP 5X	IP 6X

* siehe vordere bzw. hintere Innen-Umschlagseite